特高压工程“一型四化”生态环境保护管理

宋继明 张 智 杨怀伟 王 艳 著

中国电力出版社
CHINA ELECTRIC POWER PRESS

内 容 提 要

本书以融合型双色文化（红色精神、绿色理念）为引领，以专业化管理体系为保障、以精益化过程管控为抓手、以低碳化建设技术为基础、以数字化监测技术为支撑，形成“一型四化”为核心的特高压工程生态环境保护管理模式，有效降低了工程建设对生态环境的不利影响，对推动特高压电网绿色发展具有重要意义和示范作用。

本书系统阐述了“一型四化”生态环境保护管理理念、工作体系、技术路线及措施等主要内容，并结合具体工程进行了应用分析和效果评价。

本书可作为广大特高压建设者开展生态环境保护工作的学习参考资料，750kV 及以下输变电工程均可参考使用。

图书在版编目（CIP）数据

特高压工程“一型四化”生态环境保护管理 / 宋继明等著. —北京：中国电力出版社，2021.12

ISBN 978-7-5198-6380-7

Ⅰ. ①特… Ⅱ. ①宋… Ⅲ. ①特高压电网–电力工程–生态环境保护–研究–中国 Ⅳ. ①X322.2

中国版本图书馆 CIP 数据核字（2021）第 268841 号

出版发行：中国电力出版社
地　　址：北京市东城区北京站西街 19 号（邮政编码 100005）
网　　址：http://www.cepp.sgcc.com.cn
责任编辑：苗唯时　闫姣姣
责任校对：黄　蓓　郝军燕
装帧设计：郝晓燕
责任印制：石　雷

印　　刷：北京瑞禾彩色印刷有限公司
版　　次：2021 年 12 月第一版
印　　次：2021 年 12 月北京第一次印刷
开　　本：710 毫米×1000 毫米　16 开本
印　　张：8
字　　数：111 千字
印　　数：0001—1500 册
定　　价：83.00 元

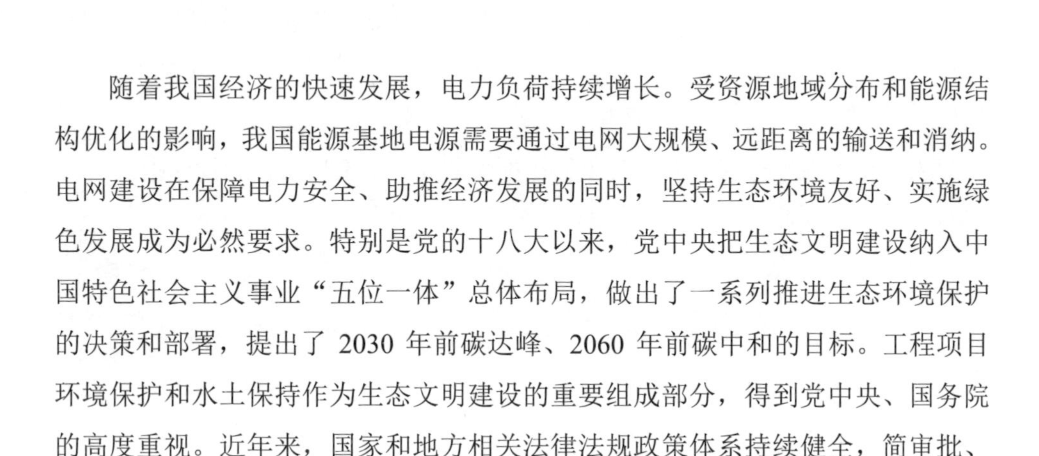

前　言

随着我国经济的快速发展，电力负荷持续增长。受资源地域分布和能源结构优化的影响，我国能源基地电源需要通过电网大规模、远距离的输送和消纳。电网建设在保障电力安全、助推经济发展的同时，坚持生态环境友好、实施绿色发展成为必然要求。特别是党的十八大以来，党中央把生态文明建设纳入中国特色社会主义事业“五位一体”总体布局，做出了一系列推进生态环境保护的决策和部署，提出了 2030 年前碳达峰、2060 年前碳中和的目标。工程项目环境保护和水土保持作为生态文明建设的重要组成部分，得到党中央、国务院的高度重视。近年来，国家和地方相关法律法规政策体系持续健全，简审批、强监管、严追责的监管模式全面形成，生产建设单位的生态环境保护主体责任不断强化，对电网工程建设项目提出了更高的要求。

特高压工程已经进入快速发展阶段，且具有点多面广、线路路径长、沿线区域自然环境复杂、参建单位众多等特点，其建设过程中的环境扰动和水土流失等问题受到高度关注。因此，亟需提出既符合特高压工程实际、满足电网高质量发展需求，又经济合理、环境友好的绿色建设新理念和新技术。在发展中统筹生态环境保护和特高压电网建设的关系，建立科学高效的工程环境保护和水土保持管理及技术体系，对提高管理标准化水平、推动工程高质量建设、实现电网绿色发展有着十分重要的意义。

为总结环境保护和水土保持管理经验、规范建设行为、提高技术水平，推动特高压工程技术水平与建设质量的提升，作者提炼了特高压工程环境保护和水土保持的管理与技术成果，写作形成《特高压工程“一型四化”生态环境保护管理》。本书紧扣特高压工程生态环境保护薄弱环节，从管理文化、管理方式、建设技术、信息手段四个维度，系统阐述了适合特高压工程的“一型四化”生态环境保护管理模式。

本书在写作过程中得到寻凯、杨山、刘搏晗、王关翼、宋洪磊、李璇、于占辉、赵倩、高利琼的大力支持和帮助，在此一并致谢。希望通过本书，广大读者可以全面了解特高压工程环境保护和水土保持管理及技术的基本情况和创新做法，也希望更多专家学者对特高压工程环境保护和水土保持的发展提出宝贵意见和建议，以博采众长，再接再厉，进一步推动特高压工程的绿色可持续发展。

由于作者水平有限，书中难免存在不妥之处，敬请广大读者批评指正。

作者

2021 年 12 月

目　录

第1章 概 述

1.1 特高压工程建设的背景

1.1.1 特高压工程建设的意义

根据国家能源局发布的数据，2020 年全社会用电量 75110 亿 kWh，同比增长 3.1%。中国电力企业联合会《电力行业“十四五”发展规划研究》显示，预期 2025 年，全社会用电量 9.5 万亿 kWh，“十四五”期间年均增速 5%。我国电力需求持续增长，未来增长空间仍然较大，迫切需要加快特高压工程建设，构建以特高压为骨干网架的坚强智能电网，保障我国能源安全和电力可靠供应。

1. 解决能源资源与用能中心呈逆向分布的矛盾

我国能源资源与用能中心呈逆向分布。能源资源总体分布规律是西多东少、北多南少。煤炭资源 90%的储量分布在秦岭—淮河以北地区；石油、天然气资源集中在东北、华北和西北地区，共占全国探明储量的 86%；水力资源主要分布在西南地区，其中四川及云南两省可开发量占全国总量的 41%。用能中心位于中东部地区，“三华”（华北、华东、华中）地区全社会用电量占全国的 61%。而大型能源基地与中东部经济发达地区之间的距离达到 1000～3000 km，需要用特高压输电技术满足大容量、远距离的跨区输电要求，实现能源大范围、大规模优化配置。

2. 推动清洁能源高效利用和环境质量提升

发展特高压电网，有利于促进水电、风电等清洁能源跨区外送，可以推动清洁能源的高效利用及国家清洁能源开发目标实现。特高压输电为破解我国能源电力发展的深层次矛盾，落实“四个革命、一个合作”能源安全新战略，构建清洁低碳、安全高效的现代能源体系提供了重要载体和抓手。尤其是在“碳达峰、碳中和”的大背景下，特高压工程已成为中国“西电东送、北电南供、水火互济、风光互补”的能源运输“主动脉”，实现了能源从就地平衡到大范围配置的根本性转变，有力推动了清洁低碳转型，促进了环境质量提升。

1.1.2 特高压工程建设的现状

截至 2021 年 12 月底，我国已建成特高压交直流输电工程共计 35 项：其中交流工程路径长度 1.5327 万 km，变电容量 1.5900 亿 kVA；直流工程路径长度 3.1234 万 km，容量 1.4260 亿 kW。我国已建成的特高压交流输电工程和特高压直流输电工程分别见表 1－1 和表 1－2。

表 1－1 已建成特高压交流输电工程

序号	工程名称	路径长度（km）	变电容量（万 kVA）	投运时间
1	晋东南—南阳—荆门 1000kV 特高压交流试验示范工程	2×644.61	2×300	2011 年 9 月
2	皖电东送淮南—上海特高压交流输电示范工程	2×656	7×300	2013 年 9 月
3	浙北—福州 1000kV 特高压交流输变电工程	2×603	6×300	2014 年 12 月
4	淮南—南京—上海 1000kV 交流特高压输变电工程	2×779.5	4×300	2016 年 11 月

续表

序号	工程名称	路径长度（km）	变电容量（万 kVA）	投运时间
5	蒙西—天津南 1000kV 特高压交流输变电工程	2×616	6×300	2016 年 12 月
6	锡盟—山东 1000kV 特高压交流输变电工程	2×730	6×300	2016 年 7 月
7	锡盟—胜利 1000kV 特高压交流输变电工程	2×240	2×300	2017 年 7 月
8	榆横—潍坊 1000kV 特高压交流输变电工程	2×1048.5	5×300	2017 年 8 月
9	青州换流站配套 1000kV 交流工程	2×76.5	1×300	2017 年 9 月
10	山东临沂换流站—临沂变电站 1000kV 输变电工程	2×58	1×300	2017 年 12 月
11	北京西—石家庄 1000kV 交流特高压输变电工程	2×228	—	2019 年 6 月
12	苏通 GIL 综合管廊工程	2×5.7	—	2019 年 9 月
13	潍坊—临沂—枣庄—菏泽—石家庄 1000kV 特高压交流输变电工程	2×819.5	5×300	2020 年 1 月
14	张北—雄安 1000kV 特高压交流输变电工程	2×319.9	2×300	2020 年 8 月
15	驻马店—南阳 1000kV 特高压交流输变电工程	2×190.3	2×300	2020 年 8 月
16	蒙西—晋中 1000kV 特高压交流输变电工程	2×304	—	2020 年 11 月
17	南昌—长沙 1000kV 特高压交流输变电工程	2×344	4×300	2021 年 12 月
合计		15327.02	15900	

表 1-2　　已建成特高压直流输电工程

序号	工程名称	路径长度（km）	容量（万 kW）	送端	受端	投运时间
1	云南—广东±800kV 特高压直流输电工程	1417	500	云南	广东	2010 年 6 月
2	向家坝—上海±800kV 特高压直流输电工程	1907	640	四川	上海	2010 年 7 月

续表

序号	工程名称	路径长度（km）	容量（万kW）	送端	受端	投运时间
3	锦屏—苏南±800kV 特高压直流输电工程	2100	720	四川	江苏	2012年12月
4	哈密—郑州±800kV 特高压直流输电工程	2210	800	新疆	河南	2014年1月
5	溪洛渡—浙西±800kV 特高压直流输电工程	1680	800	四川	浙江	2014年7月
6	糯扎渡—广东±800kV 特高压直流输电工程	1413	500	云南	广东	2015年5月
7	灵州—绍兴±800kV 特高压直流输电工程	1720	800	宁夏	浙江	2016年9月
8	酒泉—湖南±800kV 特高压直流输电工程	2383	800	甘肃	湖南	2017年6月
9	晋北—南京±800kV 特高压直流输电工程	1119	800	山西	江苏	2017年7月
10	锡盟—泰州±800kV 特高压直流输电工程	1628	1000	内蒙古	江苏	2017年9月
11	扎鲁特—青州±800kV 特高压直流输电工程	1234	1000	内蒙古	山东	2017年12月
12	滇西北—广东±800kV 特高压直流输电工程	1953	500	云南	广东	2018年5月
13	上海庙—临沂±800kV 特高压直流输电工程	1230	1000	内蒙古	山东	2019年1月
14	准东—皖南±1100kV 特高压直流输电工程	3324	1200	新疆	安徽	2019年9月
15	青海—河南±800kV 特高压直流输电工程	1587	800	青海	河南	2020年12月
16	昆柳龙±800kV 特高压混合直流输电工程	1489	800	云南	广西/广东	2021年
17	雅中—江西±800kV 特高压直流输电工程	1704	800	四川	江西	2021年
18	陕北—武汉±800kV 特高压直流输电工程	1136	800	陕西	湖北	2021年
合计		31234	14260			

1.1.3 特高压工程建设的规划

国家电网公司“碳达峰、碳中和”行动方案明确，加快构建坚强智能电网，推进各级电网协调发展。在送端，完善西北、东北主网架结构，加快构建川渝特高压交流主网架，支撑跨区直流安全高效运行。在受端，扩展和完善华北、华东特高压交流网架，加快建设华中特高压骨干网架，构建水火风光资源优化配置平台，提高清洁能源消纳能力。“十四五”规划建成7回特高压直流，新增输电能力5600万kW。到2025年，国家电网公司经营区跨省跨区输电能力约3.0亿kW，2030年约3.5亿kW，输送清洁能源占比达到50%以上。特高压电网将继续在跨省跨区输送清洁能源中发挥关键作用。

1.2 开展特高压工程生态环境保护的意义

1.2.1 贯彻新发展理念的总体要求

全面贯彻创新、协调、绿色、开放、共享的新发展理念（简称五大发展理念），对破解我国发展难题、增强发展动力、厚植发展优势具有重大指导意义。五大发展理念是一个有机整体，其中绿色发展注重的是人与自然的和谐共生。推动经济社会发展全面绿色转型已经形成高度共识，而我国能源体系重度依赖煤炭等化石能源，生产和生活体系向绿色低碳转型的要求迫切，实现“碳达峰、碳中和”目标任务艰巨。特高压工程建设严格落实环保水保措施、高标准开展生态环境保护，减少工程建设对环境的影响，最大限度实现工程与自然和谐，是贯彻新发展理念的总体要求。

1.2.2 构建新型电力系统的目标追求

构建新型电力系统的基础是实现新能源的大规模开发和消纳利用，特高压电网具有远距离、大容量、低损耗的优势，是实现全国范围内的清洁能源资源优化配置的首要途径，对促进清洁能源大规模开发利用和节能减排的重要作用日益凸显。以特高压为骨干网架的坚强智能电网是新型电力系统的枢纽平台，为以清洁低碳、安全可控、灵活高效、智能友好、开放互动为特征的新型电力系统提供支撑，是促进清洁能源开发和清洁电力消纳的绿色能源大通道。大力推进特高压工程建设生态环境保护，提高特高压工程全生命周期绿色低碳综合效益，是构建新型电力系统的重要目标追求，是全面贯彻能源低碳转型的题中之义。

1.2.3 建设绿色低碳工程的内在需求

随着经济社会发展和生态文明建设逐步深入，特高压工程作为国家重大建设项目，其环境影响受到社会各界的高度关注，对工程环境保护管理精益化提出了更高要求。与此同时，随着电压等级升高和走廊资源日益紧张，特高压工程不可避免地途经高山大岭、草原、沙漠、湖泊等生态环境脆弱地区。积极研究应用低碳建设技术，采取有效的环境保护措施，最大程度降低工程对环境的影响，是推动建设绿色低碳工程的内在需求。

1.3 特高压工程对生态环境的影响分析

1.3.1 建设期对生态环境的影响

特高压工程具有建设规模大、输电距离长等特点，其中输电线路会经过河网、山地、丘陵等复杂地质条件区域和生态环境敏感地区，变电站（换流站）

工程土方开挖量较大，主设备、铁塔体积和重量较大，运输情况复杂，工程建设临时占地较多，建设过程中涉及众多环境影响因素。

特高压工程具有点位间隔式占地的特点，决定了其生态环境影响是局部的。建设期对生态环境的影响主要是变电站（换流站）、塔基永久性占地和施工临时占地带来的影响。总体而言，主要会对土地资源、植被和植物资源、水资源、野生动物、生态环境敏感区和景观产生一定的影响。为控制工程建设过程中可能产生的不良影响，确保工程环境影响满足相关环境保护标准并处于环境可接受的范围内，需要在工程可研、设计、施工、运行等全过程采取相应的生态环境保护措施。

1.3.2 运行期对生态环境的影响

变电站（换流站）和塔基区的占地改变土地类型，造成生态系统的非生物环境的变化，导致生态结构变化，进而影响生态功能。如果占用生态敏感区，可能会对生物多样性产生影响。输电导线对于线下超高的植被需要削尖或砍伐，限制了高大植被的生长，变电站（换流站）和杆塔也可能阻碍鸟类飞翔或造成攀爬动物摔伤。此外，变电站（换流站）和输电线路在运行过程中会产生噪声，通过采取消声、吸声和隔声等防治措施，可将其影响控制在有限的区域和标准限值范围之内。

1.3.3 电网建设生态环境保护的发展

我国电网输电线路的最高电压等级从建国初期的 220kV，逐步发展到以特高压交流 1000kV 和特高压直流±800kV 为骨干网架的坚强智能电网，生态环境保护管理也随电网建设发展而发生改变。

超高压输电工程建设早期，环境保护重视程度还不高，法律制度还不完善，更多地关注工程建设的安全、质量和进度。特高压工程建设初期，工程项目水土保持方案和环境影响报告书的审批是项目核准的前置条件，国家行政主管部门负责开展环保水保专项检查，并在项目竣工后进行环保水保专项验收。特高压进入大规模建设阶段，工程建设环境保护也上升到新的阶段，立项核准前置条件中取消了环境影响评价文件批复，环保水保专项验收也调整为企业自主验收，国家行政主管部门加强事中事后监管。生态环境保护领域的不断改革，进一步强化了建设单位环境保护的主体责任，体现了国家对环境保护工作的日益高度重视。

相对于超高压输电，特高压输电能够大量节省输电走廊，显著提高单位走廊宽度的输送容量和线路走廊的输电效率，节约宝贵的土地资源。在同等输送容量的基础下，特高压工程建设对环境影响程度较常规工程大幅降低或减小。但工程建设不可避免地对环境产生影响，以往工程环境保护管理存在认识不到位、管理粗放、手段单一等诸多问题，在大力推进生态文明建设背景下，特高压工程生态环境保护备受关注。如何在文化建设、管理体系、技术手段等方面开展创新研究与实践，最大程度降低工程建设对环境的影响，实现工程建设与环境保护和谐统一，是特高压工程建设必须解决的关键问题。

1.4 “一型四化”生态环境保护管理内涵

1.4.1 “一型四化”生态环境保护管理模式

特高压工程建设贯彻习近平生态文明思想，紧扣工程建设环境保护管理薄弱环节，从管理文化、管理方式、建设技术、信息手段入手，以融合型双色文化为引领，以专业化管理体系为保障，以精益化管控过程为抓手，以低碳化建设技术为基础，以数字化监测技术为支撑，创新形成了特高压工程“一型四化”生态环境保护管理模式（见图 1-1），最大限度降低了工程建设对生态环境的影响，对推动后续电网绿色发展具有重要示范作用。

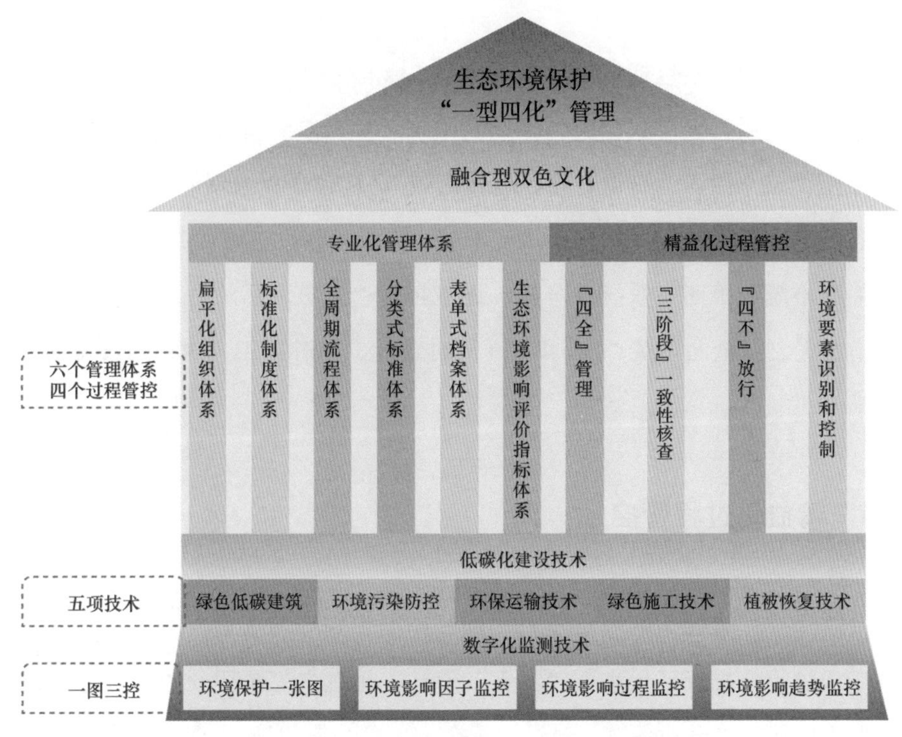

图 1-1　生态环境保护“一型四化”管理

1.4.2　融合型双色文化

融合型双色文化是坚持以党的建设推动绿色发展，创新党建引领环保专业管理方式，进驻式宣贯、全方位传播环保理念，大力推广创新成果、宣传环保成效，形成了具有特高压工程特色的融合型双色文化。红色精神是特高压工程建设者永远保持斗争精神的生命密码，绿色发展是习近平生态文明思想的重要组成部分。特高压工程是红色精神和绿色理念融合的集中体现，其动力是传承红色精神，目标是实现绿色发展。

1.4.3 专业化管理体系

专业化管理体系包括扁平化组织体系、标准化制度体系、全周期流程体系、分类式标准体系、表单式档案体系以及生态环境影响评价体系，实现环保水保管理工作“统一指挥、协调有序、运转高效”。构建环保水保专业化管理体系，其目的是推动解决环保水保设计深度不够、监督考核不过硬、责任链条不清晰、技术标准不统一等诸多系统性难题，逐步扭转“先破坏后治理、施工完毕再治理”错误理念，全面落实“三同时”（同时设计、同时施工、同时投入使用）制度要求。

1.4.4 精益化过程管控

精益化过程管控是从源头发力，通过精准识别环境要素、刚性过程管控、严格专项验收，推行环保水保“方案—设计—施工”三阶段一致性核查，建立了环保水保业务“全业务链、全过程、全方位、全覆盖”“出现不符合环保水保相关要求时不得开工、不得施工、不得转序、不得投产”的“四全管控”“四不放行”精益化管理方法，创新提出了工程现场建设垃圾分类及处置，较好地解决了环保水保方案与设计两张皮、施工图中环保水保措施指导性不强等环保水保工作难题。

1.4.5 低碳化建设技术

按照建设一流精品工程的要求，大力推行技术创新，系统掌握特高压工程低碳化建设关键技术，实现了安全零事故，工程质量优良，工程建设环境友好。

低碳化建设技术是在工程建设中开展绿色低碳建筑、环境污染防治、环保运输、绿色施工、植被修复等技术研究应用，大幅降低了工程建设对环境的影响，并推动施工方式从粗放型向精益化转变。

1.4.6 数字化监测技术

数字化监测技术聚焦环境友好型目标，围绕精准监控开展研究，形成“一图三控”数字化环保监测技术体系，实施环境保护全要素监控、实时全景式现场巡查、灾害动态监测与预警，提高环保水保管理智能化水平，解决了“到不了、看不清、测不准”的难题。

第2章 融合型双色文化

随着社会不断进步和文明日益发展，文化建设在各个领域均得到前所未有的重视。作为一种软实力，文化的力量无所不在且不容小觑。大到民族进步，小到企业发展，直至项目建设或专业管理，文化均能发挥重要的导向作用、凝聚作用和激励作用。正如安全管理需要打造安全文化方能实现长治久安，工程环保水保管理亦要通过文化渗透，从意识形态的更高层次，促进人的高度认同和自觉奉献，小而言之，有利于实现项目建设的环保水保目标，长此以往，则致力于推动人与自然协调发展、和谐共进。

2.1 融合型双色文化的基本内涵

随着经济社会的不断发展，电网工程建设环保水保管理从粗放随意发展到精细规范，不仅得益于人的素质提升、管理及技术进步、外部监管要求提高等，还得益于在长期的实践过程中逐步形成的融合型双色文化，并通过在工程上的不断落地发挥更大的作用，产生更加积极而深远的影响。

所谓融合型双色文化，是将传承红色精神、践行绿色理念融合形成独特的环保水保管理文化，渗透于特高压工程环保水保管理的全过程，在统一思想、凝聚人心、指引方向等方面具有重要意义。

2.1.1 红色精神强基固本

“人无精神则不立，国无精神则不强。精神是一个民族赖以长久生存的灵魂，唯有精神上达到一定的高度，这个民族才能在历史的洪流中屹立不倒、奋勇向前。”恰逢中国共产党成立一百周年之际，回首百年奋斗历程，党领导全国各族人民在长期革命、建设和改革的伟大奋斗历程中继承、培育和构筑起来的红色精神，形成了共产党人自己的精神谱系，挺起了中华民族的精神脊梁。建党精神、红船精神、井冈山精神、长征精神、遵义会议精神、延安精神、西柏坡精神、红岩精神、抗美援朝精神、“两弹一星”精神、特区精神、抗洪精神、抗震救灾精神、抗疫精神、脱贫攻坚精神等伟大精神，以理想信念为核心要义，以爱国主义为思想基础，以一心为民为本质体现，坚定信仰、艰苦奋斗、实事求是、勇于创新、依靠群众等关键词贯穿始终。

红色精神是一代又一代中国共产党人经历生死考验、付出巨大代价所形成的，是一代又一代中国共产党人顽强拼搏、不懈奋斗铸就的，每一种精神都是一面旗帜，每一种精神都是一座丰碑，是鼓舞和激励中国人民不断攻坚克难、不断前进的强大精神动力。“一切向前走，都不能忘记走过的路，走得再远、走到再光辉的未来，也不能忘记走过的过去，不能忘记为什么出发”。由于蕴含着丰富的历史价值和厚重的文化内涵，红色精神的传承和发扬具有重大的历史意义和现实意义。站在“两个一百年”奋斗目标的历史交汇点上，中华民族伟大复兴进入不可逆转的历史进程，但是越是伟大的事业，越是充满挑战，越需要知重负重，越需要我们从党的光辉历史中汲取前进的智慧，从红色精神中汲取奋斗的力量。

红色精神来源于党领导人民革命和建设的方方面面，其形成和当时所处历史阶段的发展理念从来都是密不可分的，在生态文明建设领域亦不乏可歌可泣的艰苦奋斗史、催人奋进的精神锻造史。习近平总书记就曾经两次视察河北塞罕坝机械林场，并对建设者创造的“塞罕坝精神”给予高度的评价，“55 年来，河北塞罕坝林场的建设者们听从党的召唤，在‘黄沙遮天日，飞鸟无栖树’的荒漠沙地上艰苦奋斗、甘于奉献，创造了荒原变林海的人间奇迹，用实际行动诠释了绿水青山就是金山银山的理念，铸就了牢记使命、艰苦创业、绿色发展的塞罕坝精神。”红色精神为生态文明建设筑牢了精神底气，提供了方向和动力。

2.1.2 绿色发展理念先行

习近平总书记指出，“理念是行动的先导，一定的发展实践都是由一定的发展理念来引领的”。

近年来，随着全球资源紧张、生态环境恶化问题日益加剧，资源和环境对于经济社会发展的制约越来越强，节能减排、绿色发展已经成为世界范围内的广泛共识。而我国作为经济高速发展的大国，始终致力于推动低碳经济增长和生态环境保护。特别是党的十八大以来，党中央高度重视生态文明建设，把生态文明建设摆在党和国家事业发展全局中的重要位置，从提出山水林田湖草是“生命共同体”、到绿色发展理念融入生产生活、到经济发展与生态改善实现良性互动，我国生态文明建设取得显著成效。在此基础上，向全世界作出“实现 2030 年前碳达峰、2060 年前碳中和”的庄严承诺。

绿色发展理念，就其要义来讲，是要解决好人与自然和谐共生问题。随着生态文明建设上升为国家战略，绿色发展理念已经成为“创新、协调、绿色、开放、共享”新发展理念的重要组成部分，在实践中逐步深入人心，“绿水青山就是金山银山”正在成为全社会的共识和行动。

能源是人类文明进步的基础和动力。在“四个革命、一个合作”的能源安全新战略指引下，构建清洁低碳、安全高效的能源体系成为能源领域的努力方向。在能源资源大范围优化配置和清洁转型的大背景下，具有远距离、大容量、低损耗输送电能优势的特高压电网提上日程。为绿色而生，沿绿色发展，绿色发展理念引领特高压工程建设蓬勃发展。

2.1.3 双色融合润物无声

特高压电网建设一路走来，也曾遇到很多质疑和困难，但是电网建设者始终坚定信念，砥砺奋进，方才取得了如今举世瞩目的重大成就，为保障能源供应和电网安全做出了巨大贡献。在特高压电网的发展历程中，即诞生了以“忠诚报国的负责精神、实事求是的科学精神、敢为人先的创新精神、百折不挠的奋斗精神、团结合作的集体主义精神”为主要内容的特高压精神，这是红色精神在电网建设领域的具体体现。

在红色精神的引领下，特高压工程建设始终坚持贯彻落实绿色发展理念，逐步形成了双色融合的环保水保管理文化。这种文化的落地和传播，以润物细无声的力量潜移默化地影响所有建设者，促使他们以更深的认识、更高的站位、更实的措施投入到工程环保水保工作中。自第一项特高压交流工程即晋东南—南阳—荆门 1000kV 特高压交流试验示范工程开始，就明确了“环境友好”的建设目标，并在此后十几年的建设历程中将绿色发展理念贯穿电网规划、设计、建设、运行的全生命周期，统筹推进工程建设和环保水保管理，取得了显著成效，得到相关部门和工程沿线群众的认可。

红色精神和绿色理念融合的双色文化，成为工程建设一线的靓丽风景。

2.2 融合型双色文化的传播落地

建设环保水保管理融合型双色文化，促使其在工程实施过程中落地生根，就是要充分发挥党建引领作用，通过持之以恒的学习、丰富多彩的活动、深入人心的宣传等来实现双色文化的入脑入心，从而促进建设者管理能力及工程管理水平的不断提升。

2.2.1 同步组建工程一线党组织

组织是保障。在成立工程管理各级组织机构的同时，同步组建工程一线党组织即现场各参建单位联合临时党支部，将各单位党员同志纳入其中，支委会成员则覆盖主要参建单位，各司其职，各负其责。党员将环保水保管理作为重要工作内容，亮身份、亮职责、亮业绩，形成齐抓共管的有利局面，从而充分发挥基层党组织的战斗堡垒作用和党员的先锋模范作用。结合工程周边红色教育资源，临时党支部策划开展丰富多彩的主题党日活动，通过红色教育传承红色精神，通过红色精神强化绿色理念、促进工程建设。

地处江西这片红色热土的1000kV南昌变电站工程规模大、工期紧，环保水保管理难度高。工程开工伊始，即成立了包括现场各参建单位党员参加的联合临时党支部。为统一思想、鼓舞士气，临时党支部赴井冈山开展主题党日活动，从党的光辉历程中汲取智慧和力量。党员同志们传承弘扬“坚定执着追理想，实事求是闯新路，艰苦奋斗攻难关，依靠群众求胜利”的井冈山精神，坚持目标导向，尊重基建规律，创新现场管理，团结带领广大参建人员攻坚克难，最终实现了按期顺利投运和“资源节约型、环境友好型”工程建设目标，红色精神历久弥新，绿色发展再启征程。

2.2.2 深入开展专项学习培训

学习打基础。依托工程现场联合临时党支部，有计划、有重点地组织开展党员教育，将习近平新时代中国特色社会主义思想包括生态文明思想作为重要学习内容，系统学习党的历史并从中领会百年来形成的精神谱系，传承发扬红色精神；在通过政治学习统一思想、提高认识的基础上，针对性地开展环保水保专项培训，针对工程中遇到的环保水保难题，组织专题研讨和集中攻关，既能提高建设者专业能力，又能切实为工程解决实际问题。

南昌—长沙 1000kV 特高压交流输变电工程在现场召开环保水保专项交底会议，针对线路工程施工过程中涉及的环保水保问题提出管理和技术要求，对各标段施工单位主要参建人员进行业务培训。张北—雄安 1000kV 特高压交流输变电工程开设线上环保水保讲堂，开展政策及标准解读、现场管理及验收等专项培训课程，取得了良好的效果。

2.2.3 全程贯彻绿色建设理念

理念要先行。绿色建设的理念应贯穿特高压工程建设的全过程。在可行性研究阶段，统筹考虑经济效益和生态效益，对线路工程路径、塔位选择、临时占地等进行优化设计。设计阶段，将环境影响报告书和水土保持方案中的措施纳入主体工程设计，初步设计和施工图设计文件均设环保水保专篇，施工图实行“一塔一设计”。建设阶段，工程水土流失防治采用分级分区管理，环保水保施工方案实行“一基一策划”，推行绿色低碳建设，严格环保水保监测监督，尽量减少工程建设对环境造成的不利影响。工程投运阶段，严格按照“三同时”要求开展各级验收，争创绿色示范工程。

潍坊—临沂—枣庄—菏泽—石家庄 1000kV 特高压交流输变电工程途经山东南四湖省级自然保护区（包含微山湖、昭阳湖、独山湖、南阳湖），为实现“湖光山色无墨痕”，工程细化确定了“泥浆零排放、材料零污染、施工零干扰”的“三零”目标。围绕施工过程中易发生的水体污染问题，提出了“深水、环水、水下”系列水污染防治措施和水下承台基础拉森钢板桩施工工法，制订并实施 15 项针对性环保水保措施，有效避免了湖区水体的污染及对周边环境的影响。张北—雄安 1000kV 特高压交流输变电工程在丘陵地区，根据不同的边坡地质条件，针对性地实施条播、穴播、撒播等草籽播撒技术，实现了植被快速恢复。

2.2.4 创新开展环保水保宣传

宣传进现场。为促进绿色发展理念和环保水保管理要求深入人心，宣传工作聚焦施工现场和项目部驻地。宣传的形式不拘泥于设立宣传栏、发放宣传册等常规方式，可采用组织知识竞赛、创作文艺作品、制作宣传视频、自媒体等更为生动易接受的方式，开展环保水保科普和宣传工作。

结合 6 月 5 日“世界环境日”，张北—雄安 1000kV 特高压交流输变电工程现场开展丰富多彩的宣传活动，包括工程现场观摩交流、为参建人员赠送环保水保口袋书、环保水保知识扑克牌、面向沿线群众开展普法宣传等，营造了浓厚的环保水保氛围；建设过程中创作了歌曲《让张北的风　点亮雄安的灯》（见歌），《心电图》等文艺作品，并在工程建设者中广泛传唱。锡盟—胜利 1000kV 特高压交流输变电工程制作了系列小视频，用一线工人喜闻乐见的形式开展环保水保管理培训。青海—河南 ±800kV 特高压直流输电工程的环保水保工作在中央媒体进行了宣传报道，为工程环保水保管理树立了良好的形象。

以红色为底色的绿色发展理念，是融合型双色文化的核心。促进融合型双色文化在工程项目落地生根可以多措并举，因此并不局限于上述提到的内容，前提是要和工程项目实际相结合，关键是要取得实效，能够促进环保水保管理水平提升。

歌曲《让张北的风　点亮雄安的灯》

让张北的风　点亮雄安的灯

1=C 6/8 ♩=75　　　　　　　　　　　　　　　　词曲：杨怀伟

(3 2 2　1 1 6 | 6 5 5　3 3 1 | 2 6 5　6 1 2 | 3 3 6　6 5 |
6　0 6 6　1 1 | 6 2 2　0 3 3 | 3 2 1　6 5 | 6 – –) ||

|: 6 6 5　3 2.1 | 2 – – | 2 2 3　2 1 5 | 5 – – |

我站在　张北草　原，　　遥望那　新区雄　安。
我跨越　长城桑　干，　　特高压　大国名　片。
我呵护　水土木　天，　　绿水青山　就是金山银山。
我站在　新区雄　安，　　遥望那　张北草　原。

6 6 5　3 2.1 | 2 – – | 2 2 2 3　2 1.6 | 1 – – :||

北风吹　桨叶飞　转，　　转出无穷　清洁能　源。
中国特色　国际领　先，　　能源互联　国网新　篇。
“四个一、要”　功在当　代，　　利在千秋　加大攻　坚。
新发展　引领理　念，　　万家灯火　幸福平　安。

|| 0 3 6　6 5 | 6　0 6 6　6 1 | 6 2 2　0 3 3 | 3 2 1　6 5 | 6 – – |
让张北　的风，点亮　雄安的灯。　人与　自然和谐共　生。

0 3 6　6 5 | 6　0 6 6　1 1 | 6 2 2　0 3 3 | 3 2 1　6 1 2 | 3 – – |
让张北　的风，点亮　雄安的灯。　生态　文明思想指路　程。

0 3 6　6 5 | 6　0 6 6　6 1 | 6 2 2　0 3 3 | 3 2 1　6 5 | 6 – – |
让张北　的风，点亮　雄安的灯。　美丽　中国绿色转　型。

0 3 6　6 5 | 6　0 6 6　1 1 | 6 2 2　0 7 | 7 6 5　3 1 | 6 – – ||
让张北　的风，点亮　雄安的灯。　人　类命运共　同。

|| 6 6 5　3 2.1 | 2 – – | 2 2 3　2 1 5 | 5 – – |
我站在　张北草　原，　　遥望那　新区雄　安。

6 6 5　3 2.1 | 2 – – | 2 2 2 3　2 1.6 | 1 – – |
新发展　引领理　念，　　万家灯火　幸福平　安。

1 1 1 3　2 1.6 | 1 – – | 1 – – | 0 – – ||
万家灯火　幸福平　安。

第3章
专业化管理体系

根据现代管理理论和实践，专业化管理有利于集中优势资源、提高标准化水平及促进管理技术创新。针对特高压工程环保水保管理，构建专业化管理体系是实现管理精益化和规范化的必要条件。

工程项目的管理体系和企业的组织架构密不可分，本章以国家电网公司投资建设的特高压工程为例，从组织体系、制度体系、流程体系、标准体系、档案体系及评价体系等方面具体分析如何构建环保水保专业化管理体系。

3.1 扁平化组织体系

建立高效的组织体系是实施项目管理的前提。从管理学上来讲，组织体系可以从不同角度进行类别划分，其中扁平化组织体系较好地解决了等级式体系存在的环节烦琐、流程冗长、效率低下等弊端，使决策和指挥链条更为高效。因此，特高压工程环保水保管理工作建立了扁平化组织体系，打造了一支环保水保专业队伍，形成了“统一指挥、协调有序、运转高效”的管理格局。

随着特高压工程建设大规模开展，国家电网公司创新实施“集团化、属地化、专业化”管理模式，国网特高压部为总部业务部门，负责工程建设的统一管理协调；国网特高压建设公司为专业管理单位，负责管理支撑和技术统筹；属地省电力公司为建设管理单位，负责工程现场的具体组织。在总体的管理模式和职责分工基础上，针对环保水保工作建立了专业组织体系，即：国网特高压部、特高压建设公司为管理者；建设管理单位为组织者；技术服务单位、现场参建单位为实施者，形成“管理—组织—实施”的扁平化组织体系。

特高压工程环保水保管理组织体系如图 3－1 所示。

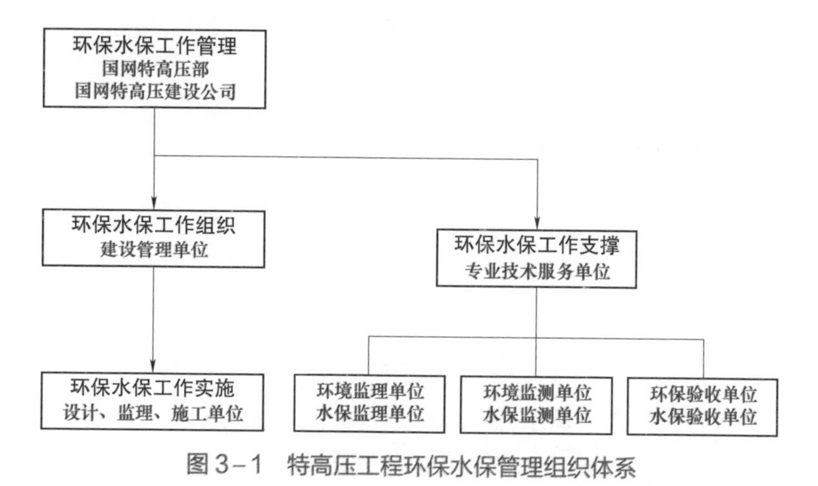

图 3－1　特高压工程环保水保管理组织体系

3.1.1　建立三级管理组织体系

特高压工程环保水保工作建立了三级组织体系，由国网特高压部及国网特高压建设公司统一管理，各建设管理单位分级落实管理要求，专业技术服务单位全程参与专项工作，各方主体责任明确，提升了管理效率。现场则成立由各建设管理单位业主项目部以及设计、监理、施工和技术服务单位等联合组成的环保水保工作小组，将组织体系落实到每一个环节，为前期策划、设计、监测、监理、验收等工作提供了强有力的组织保障。

3.1.2 实行一体化专业管理

特高压工程项目建设实行一体化专业管理模式，引入环保水保监理、监测和验收单位，对建设项目实施专业化咨询和技术服务，协助和指导参建单位全面落实建设项目各项环保水保措施，发挥专业职能，落实监督责任。第三方咨询服务具有科学性、公正性、独立性等特性，监理为尺，监测为据，验收为质，有利于激活项目监督协调和自我完善机能，提高监督工作质量和效率。

3.1.3 引入外部监管机制

国网特高压建设公司与中国电力企业联合会质量监督机构签订环保水保工作合作协议，将环保水保设施建设质量和措施落实情况纳入质量监督体系，在工程转序验收过程中同步进行检查，合格后方可转入下一道工序。这种借助外部监管机构的力量促使环保水保过程管理全面到位的方式，是环保水保管理发展过程中的一次创新突破。

3.2 标准化制度体系

没有规矩，不成方圆。环保水保管理的规矩就是制度，因此完整规范的制度体系是做好特高压工程环保水保管理工作的基础，而制度体系的框架及内容和工程管理的组织体系应是匹配和协调的。在上节论述的扁平化组织体系下，工程建立健全了以“纲要—策划—方案”为主线的标准化制度体系。

特高压工程环保水保管理制度体系如图 3－2 所示。

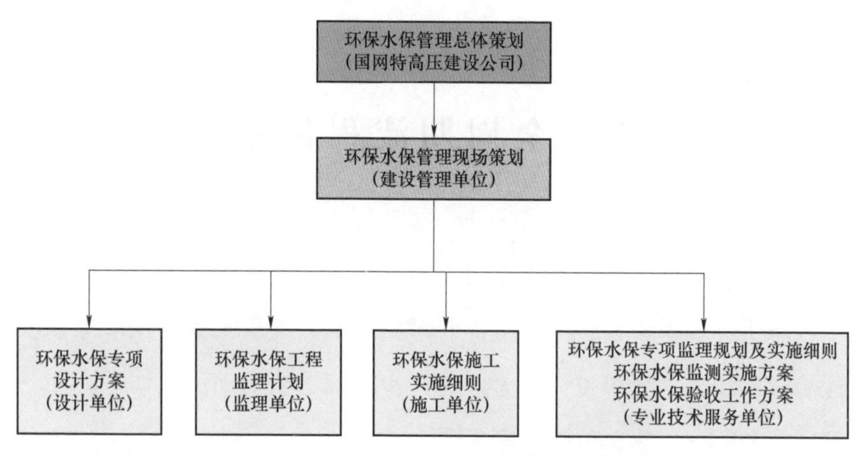

图 3-2　特高压工程环保水保管理制度体系

3.2.1　纵向布局三级制度体系

为全面落实环境影响报告书和水土保持方案要求，有效实施各项环保水保措施，国网特高压建设公司以工程《建设管理纲要》为基础编制《环保水保管理总体策划》，建设管理单位编制工程《环保水保管理现场策划》，各现场项目部在上层策划的指导下，结合工程实际编制具体方案或实施细则，以实现现场环保水保管理的可视化和标准化。

3.2.2　全面落实“四个凡事”原则

设计、施工、监理单位分别编制《环保水保专项设计方案》《环保水保施工实施细则》和《环保水保监理计划》，技术服务单位分别编制《专项监理规划及实施细则》《环保水保监测实施方案》《环保水保验收工作方案》等一系列管理文件，明确工程环保水保管理专项工作的组织机构及责任分工，用制度来规范管理，做到凡事“有章可循、有据可依、有人负责、有人监督”。

3.3 全周期流程体系

建立清晰准确的管理流程不仅可以为管理人员提供工作依据，也有利于明确各单位职责界面，从而进一步提高管理效率。特高压工程环保水保管理以不同工程阶段和相关责任单位为要素，进一步规范了全周期流程体系，实现了关键管理环节和所有参建单位的全覆盖。

特高压工程环保水保工作流程分别如图 3－3 和图 3－4 所示。

3.3.1 明确各环节管控内容和要点

建立了包含环境影响评价（环境影响报告书和水土保持方案编制）、设计、施工、验收等四个重点环节的环保水保管理机制，加强与各级环保水保行政主管部门的沟通和联系，以环保水保专业化标准化管理为基础，逐步形成“全周期”流程体系。将环保水保管理内容及要求纳入项目管理全流程，从可行性研究、初步设计、施工、竣工验收等阶段全面优化项目过程管控，避免出现工程建设和生态环境保护“两张皮”。

3.3.2 明确主体单位职责和分工

实行阶段性环保水保质量评定和验收制度，各阶段均按施工单位自查、监理单位初检、建设管理单位鉴定“三级质量评定”程序开展。与电力质量监督机构签订战略合作框架协议，将环保水保工作纳入质量管理体系。委托验收技术服务单位提前进场开展调查工作，在工程建设前期阶段明确验收的各项要求，通过开展预验收、技术评审和专项验收，实现了环保水保设施与主体工程同时投入使用，有效保证了环保水保措施实施质量及效果。

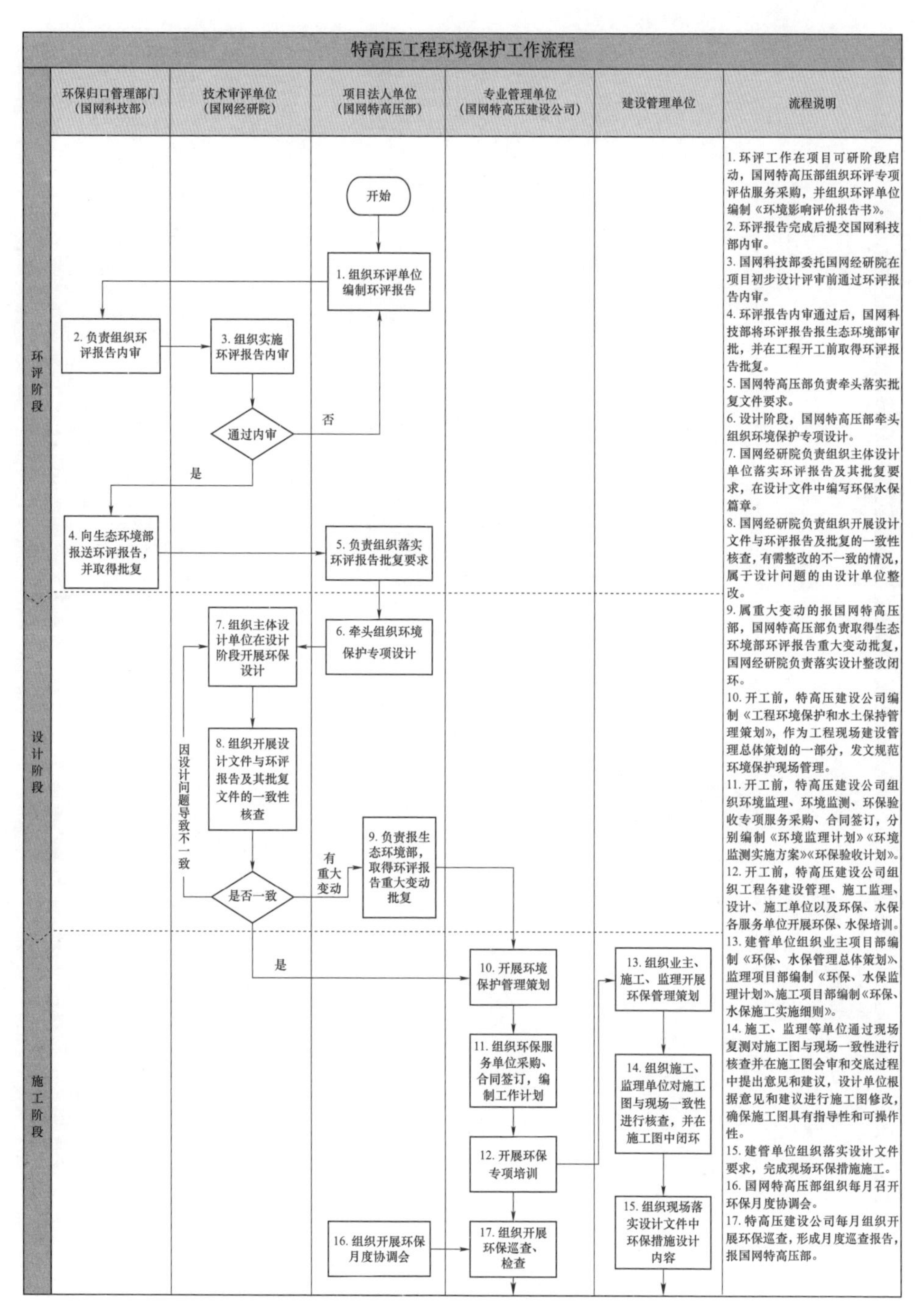

图 3-3 特高压工程环境保护工作流程图（一）

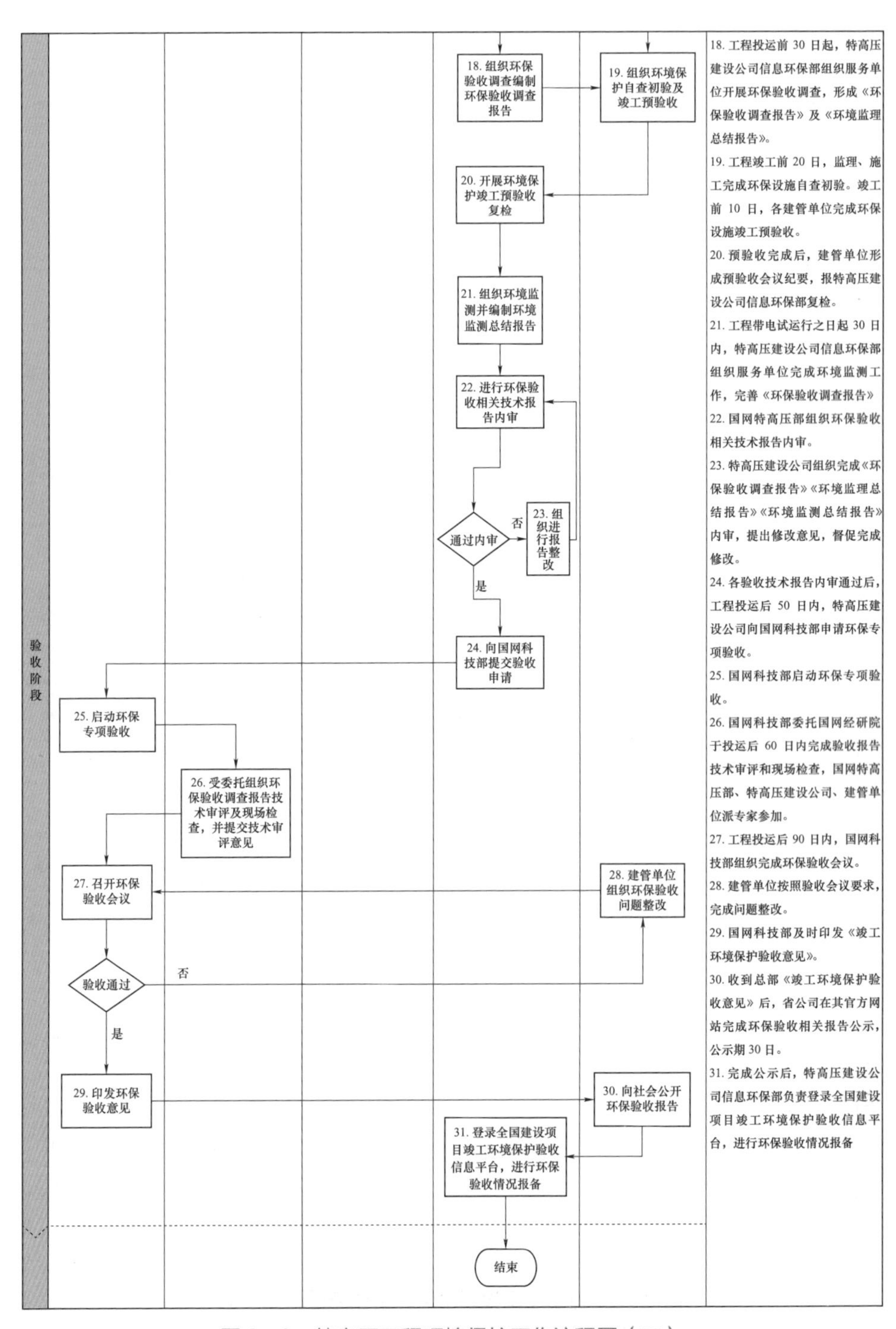

图3-3　特高压工程环境保护工作流程图（二）

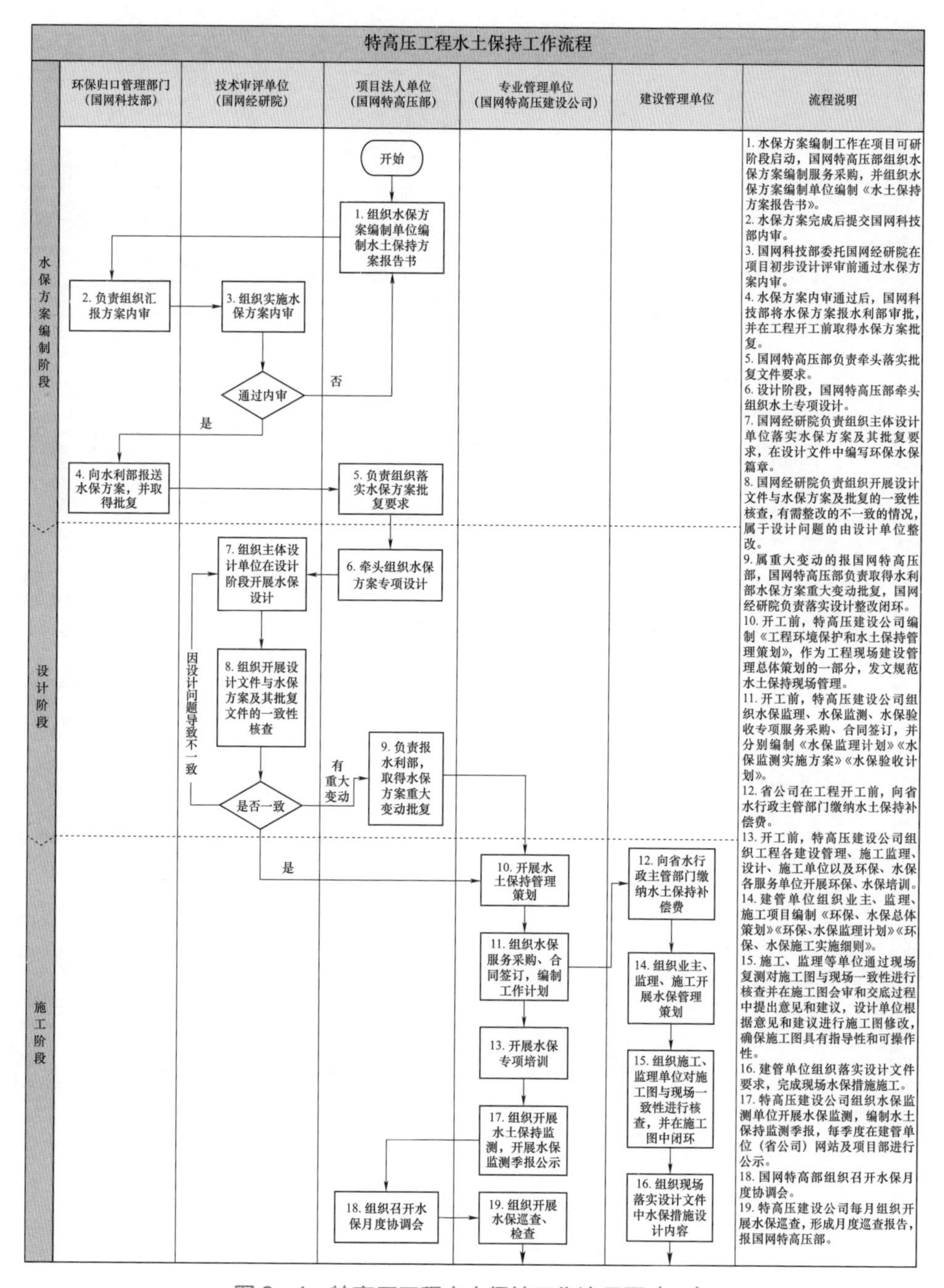

图 3-4　特高压工程水土保持工作流程图（一）

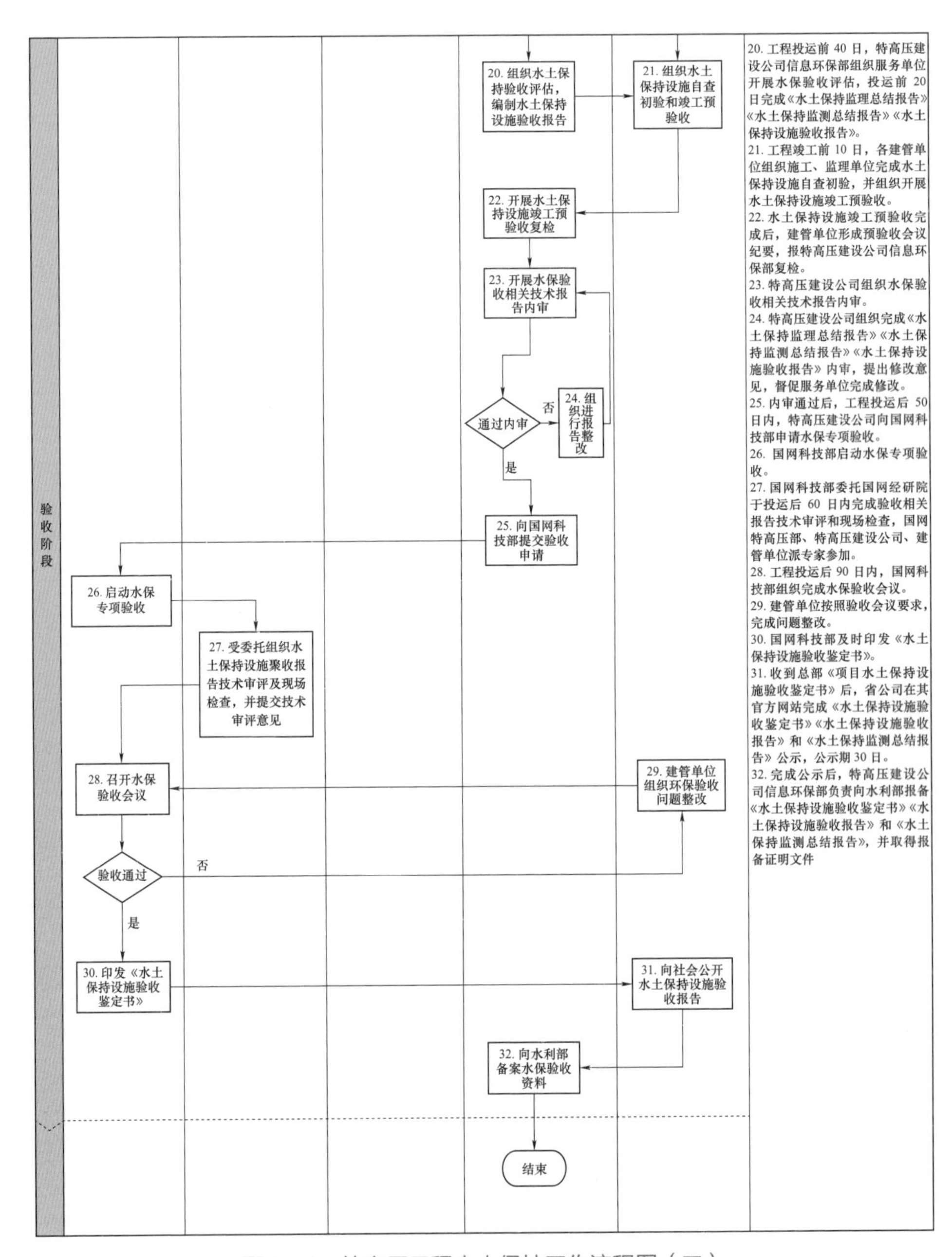

图3-4　特高压工程水土保持工作流程图（二）

3.4 分类式标准体系

管理和技术的标准化是提高管理效率和质量的必由之路。特高压工程管理坚持以制度为纲、标准为尺，在设计、监理、施工和验收等方面形成了一整套“规范、精简、实用、高效”协同一致的分类式标准体系。

特高压工程环保水保标准体系架构如图 3-5 所示。

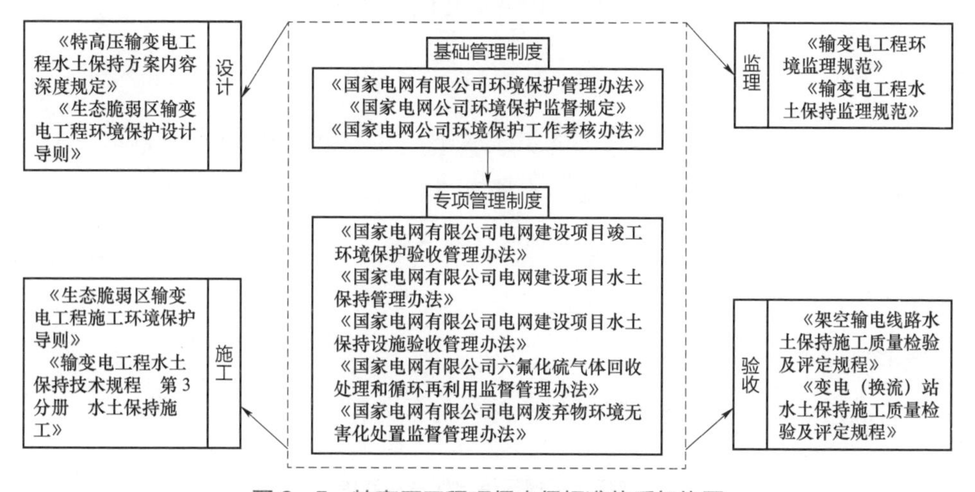

图 3-5 特高压工程环保水保标准体系架构图

3.4.1 坚持以制度流程为主线

推进特高压工程施工过程中环保水保管理创新，建立环保水保专项标准体系，明确规定环保水保专项工作内容、流程和方法，对施工过程中各项环保水保措施的落实情况进行监督控制，检查核实建设项目施工与环境影响报告书及水土保持方案的相符性。

3.4.2 建立环保水保标准体系

环保水保标准体系包括设计、监理、施工和验收等四类，覆盖环保水保管理关键环节和主要技术内容，其在相应范围内的推广应用，可有效促进管理标准化及各项措施落地，为现场高质量开展环保水保工作奠定基础。

3.5 表单式档案体系

档案体系是各种档案管理标准相互依存、相互衔接所构成的有机整体，做实表单式管档案管理的关键就是要对档案清单进行科学分类，使档案管理更加规范、透明、高效。建立环保水保档案体系坚持“全员、全过程”的管理思路，落实“管环保水保必须管档案”的工作要求，按照责任单位建立“8 类 36 项”档案清单。

特高压工程环保水保资料清单见表 3－1。

表 3－1 特高压工程环保水保资料清单

类别	序号	文件名称	责任单位
一	1	环境评价报告和水保方案及其批复文件	国网特高压建设公司
	2	环境保护与水土保持管理策划	
	3	招投标及合同文件	
	4	专项培训课件	
	5	依托工程开展的科研项目及成果资料（论文、专利、专著、获奖、制定的规程规范或标准）	
二	6	现场环境保护与水土保持管理策划	建设管理单位
	7	水土保持补偿费缴纳凭证	
	8	行政主管部门监督检查意见及回函	

续表

类别	序号	文件名称	责任单位
二	9	环保水保设施验收鉴定书	
	10	环保水保设施验收报备申请函	
	11	环保水保设施验收报备回执	
	12	行政主管部门验收核查意见	
三	13	初步设计及批复文件	设计单位
	14	专项设计方案（一塔一设计）	
	15	竣工图（如站总平图、线路路径图、水土保持设施竣工图等）	
四	16	施工组织设计（项目管理实施规划、施工组织设计中的环保水保篇章）	施工单位
	17	环保水保施工实施细则	
	18	施工过程管理资料（含环保水保施工宣传培训资料、现场管理资料等）	
	19	专项施工方案（敏感区、关键部位或施工工序环保水保专项施工方案）	
	20	施工采用的环保水保相关新技术、新工艺、新方法及相关支撑材料（实施及推广应用情况，取得的经济效益或其他效益证明材料，相关获奖材料）	
	21	措施（设施）影像资料（包含施工过程中临时防护措施、完工后植被恢复措施及环保水保设施竣工效果照片）	
五	22	环保水保监理计划	本体监理单位
	23	环保水保工程质量评定资料	
	24	本体监理总结报告	
六	25	专项监理规划及实施细则	环保水保监理单位
	26	监理过程记录资料（含专项宣传培训材料、相关会议纪要、问题整改闭环材料等）	
	27	监理月报、季报、年报及专题报告	
	28	环保水保监理总结报告	
	29	监理过程管控（含监理巡查、会议、培训、验收等）及现场实施的措施亮点照片	
七	30	监测实施方案	环保水保监测单位
	31	监测季度报告	
	32	监测总结报告	
	33	监测原始记录资料（含监测点位布设照片、监测数据采集、无人机遥感监测、天地一体化等先进监测技术运用照片等）	

续表

类别	序号	文件名称	责任单位
八	34	验收工作方案	环保水保验收单位
	35	设施验收报告	
	36	设施验收现场调查影像资料	

3.5.1 落实档案形成单位负责制

推行“分级负责、分工合作、协同推进”的工作机制，确保项目档案“齐全、完整、规范、真实”。按照责任单位、工程阶段和管理过程分类，将档案收集的工作责任具体到单位，提升收集效率。

3.5.2 对照档案表单分阶段移交

按照环保水保管理流程，档案收集工作贯穿整个工程建设过程，各个责任单位在不同工程阶段及时开展过程资料整理，结合主体工程质量监督转序对环保水保过程资料进行实时整理归档，从而满足环保水保工作需要。

3.6 生态环境影响评价指标体系

生态环境影响评价指标体系是输变电建设项目生态环境评价的一个重要内容。按照可持续发展指标体系建立的原则，结合特高压工程建设项目特点，构建了基于“压力—状态—响应（PSR）”模型的工程建设生态环境影响评价指标体系。从特高压工程建设期的建设行为出发，剖析生态环境影响压力指标，基于压力指标分析对生态环境的影响状态，给出生态环境的状态指标，并针对状态指标列出相应的响应措施。

3.6.1 生态环境影响评价指标体系

采用 PSR 模型构建指标体系时，压力指标指人类活动对环境资源的直接压力影响；状态指标指研究区域当前的生态环境状态，是由压力引起的生态环境问题；响应指标是指环境政策措施中的可量化部分，直接或间接影响另外两者。特高压工程生态环境影响评价指标体系如图 3－6 所示。

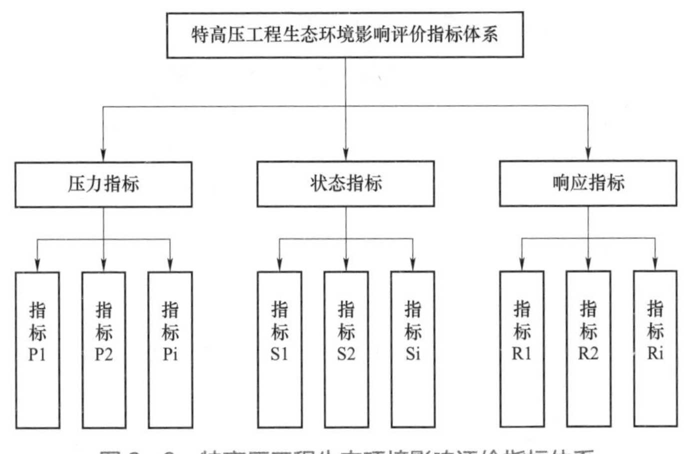

图 3－6 特高压工程生态环境影响评价指标体系

3.6.2 生态环境评价压力指标

输变电工程建设可分为施工准备、土建施工（基础施工）、设备安装（杆塔组立和架线）、环保水保设施调试等四个阶段。根据建设阶段以及建设行为，确定生态环境影响压力指标。根据特高压工程特点，选择施工临时场地布设、土石方平衡、土地占用量、地形地貌改变、污废水排放情况、塔杆及基础设计、架线方式、土地整治和植被恢复共 9 个指标作为压力指标。

3.6.3 生态环境评价状态指标

特高压工程生态环境状态指标主要包括土壤侵蚀、植被覆盖变化率、生物资源变化、景观影响、噪声影响、水环境质量、生态敏感区影响和栖息地功能共 8 项。

（1）S1 土壤侵蚀。在工程建设过程中，将不可避免地改变原有地形、地貌，扰动或破坏原有地表和植被，导致土壤结构破坏，降低表层土壤的抗蚀性。土壤侵蚀对区域动植物的生存及生活具有重要影响，是生态环境评价的重要指标。土壤侵蚀主要发生在施工期，可能造成土壤侵蚀的因素较多，应根据工程特点，按照不同施工区域进行分析。

土壤侵蚀预测范围为项目建设区，即永久和临时征占地范围，对于该区域进行土壤侵蚀评价。以 SL190—2007《土壤侵蚀分类分级标准》中土壤侵蚀程度分级作为标准，分为轻度侵蚀、中度侵蚀、强烈侵蚀、极强烈侵蚀与剧烈侵蚀共 5 级。根据土壤侵蚀影响因素分析，压力指标 P1～P8 对水土流失皆具有一定的影响。

（2）S2 植被覆盖变化率。植被覆盖变化主要是由于工程建设行为引起的，植被覆盖的变化率表示项目建设前后植被覆盖率的变化情况。

特高压工程对不同植被类型下植被变化的影响如下。

1）对森林植被的影响。工程建设过程中，输电线路会间断性占用一些森林植被，变电站及塔基占地以及施工临时占地，可能会砍伐少量树林。由于线路建设为线状间隔扰动，不会大面积砍伐成片林地，不会造成较大的生物量损失与生产力降低。

2）对草原植被的影响。输电线路穿越草原植被时，由于塔基占地面积小，且建设完成后，塔基下方的草地植被很容易得到恢复，施工便道也大多借用原有道路，对草原植被的影响比较轻微。

3）对荒漠植被的影响。输电线路穿越区域内，可能有部分相对敏感与脆弱的荒漠植被，但荒漠植被的生态价值较低，通过严格控制施工范围、减少对荒漠植被的碾压，输电线路穿越对荒漠植被的影响不大。

（3）S3 生物资源变化。生物资源变化主要指由于项目建设导致区域生物量的减少和实际载畜能力的减弱。根据变电站用地、线路的设计情况，估算项目建设损失生物量，作为项目建设对生态环境影响的参考指标。生物资源变化主要通过生物量与生物多样性进行评价。

在生态影响评价中一般选用标定相对生物量的概念，它是各级生物量与标定生物量的比值。生物多样性一般通过物种多样性指数进行计算。种数一定的总体，种间数量分布越均匀时，多样性越高；个体数量分布均匀的，物种数目越多，多样性越高；物种数目一定时，种间数量分布越均匀，群落总的个体数量越多，多样性越高，则表明完整性越好。

（4）S4 景观影响。景观影响主要指项目建设后对自然景观影响程度，这种影响在城市规划区或公众关注区（人口密集区、风景名胜区）更为显著。

景观影响主要是从景观敏感性（度）的观点进行评价。景观敏感性是指景观被注意到的程度，一是指工程（变电站、杆塔、输电线）的敏感性，二是指工程周围环境的敏感性。输变电工程的敏感性既取决于自身的体量、形态和色彩，又取决于其所处的位置。任何置于景观敏感性高的环境点段上的工程都是敏感性高的工程，都会受到更多的关注和评判。

（5）S5 噪声影响。工程施工过程可能会产生较高的连续的机械噪声及电磁噪声，从而对生态环境产生一定的影响。工程建设涉及的范围广，沿线面对不同的地域环境，即可能经过各类的功能环境区，特别是涉及 1 类声环境功能区时，可能产生噪音扰民投诉事件。根据不同时期的噪声影响，将工程噪声分为施工过程中噪声以及运营时期噪声两个阶段，并分析噪声产生的原因。

HJ24—2020《环境影响评价技术导则　声环境》对噪声的影响评价作出了相关要求，根据噪声预测结果和环境噪声评价标准，评价工程在施工、运行期噪声的影响程度、影响范围，给出边界及敏感目标的达标分析。

（6）S6 水环境质量。水环境质量影响主要在工程建设期。建设期间，施工机械清洗、场地冲洗、车辆冲洗、建材清洗、混凝土搅拌、混凝土养护等皆会产生一定的施工废水。线路施工点较分散，施工人员一般租住当地民房，生活污水可忽略不计；变电站由于施工活动相对集中，会产生一定量的集中生活污水，经化粪池（或环保厕所）集中收集后清运，对水环境的影响较少。

特高压工程水环境影响评价标准主要以 GB 3838—2002《地表水环境质量标准》中划分的各环境功能区所对应的水质指标作为评定标准。

（7）S7 生态敏感区影响。环境敏感区主要包括需特殊保护地区以及生态脆弱区，是工程必须作为重点评价和重点保护的地区。特高压工程生态敏感区主要包括国家公园、自然保护区、风景名胜区、世界文化和自然遗产地、饮用水水源保护区等，工程建设遇到这类保护目标时，都应采取避让措施，防止干扰或破坏这些需特殊保护的地区。生态环境影响评价中需调查和分析这种导致生态系统脆弱的主要原因，并在工程建设中避免加剧这种因素的影响，在防治措施上尽可能采取克服这种脆弱性的措施。

特高压工程建设对生态敏感区植被、野生动物和土地资源的影响特点，与一般区域的影响较为相似，但由于生态敏感区具有重要的生态服务功能，或者其生态系统较为脆弱，需要予以特别保护。

（8）S8 栖息地功能。栖息地功能指项目建设对生物栖息地的影响。栖息地对于生物的生长、发育、繁殖和分布均具有重要影响，栖息地的退化是造成生物多样性下降的主要原因之一。由于特高压工程建设范围较广，特别是由于杆塔以及变电站的建设施工以及永久占地，区域景观格局发生变化，区域栖息地面积减少，同时区域连续性受到一定破坏。

主要以栖息地面积变化、景观破碎度两个指标对栖息地功能进行评价。其中景观破碎度表征景观被分割的破碎程度，反映景观空间结构的复杂性，在一定程度上反映了人类对景观的干扰程度。景观破碎度指数越大，连续性受损越严重，生物栖息地受到威胁越大，栖息地功能减弱不利于生态系统的稳定。

3.6.4 生态环境响应措施指标

为体现特高压工程对生态环境影响所采取的控制措施，主要从环保投资比例、施工监管水平、生态恢复及补偿率和针对生态环境状态指标所采取的相应响应措施等 4 个方面构建响应措施指标体系。

（1）R1 环保投资比例。环保投资比例是指项目的环保投资占总投资的比例。该指标能体现出项目建设单位对生态环境保护的重视程度，项目环保投资比例越大，间接地表现了生态环境保护措施效果越好。

（2）R2 施工监管水平。根据环境管理计划，在项目施工和运行期对施工人员和管理人员进行环保教育、全过程环境监督和管理。根据管理计划的设计和可操作性将其分为 5 个等级，即很好、好、一般、较差和差。

（3）R3 生态恢复及补偿率。生态恢复指项目施工结束，通过事后努力，使得生态系统的结构或环境功能得到一定程度的修复。补偿是一种重建生态系统以补偿因开发建设活动而损失的环境功能的措施。补偿包括就地补偿和异地补偿两种形式。

（4）R4 针对生态环境状态指标所采取的相应响应措施。主要是针对土壤侵蚀、植被覆盖变化率、生物资源变化、景观影响、噪声影响、水环境质量、生态敏感区影响和栖息地功能等 8 项状态指标有针对性地采取具体的响应措施，从而减小生态环境影响。

第4章 精益化过程管控

在系统总结特高压工程环保水保工作经验的基础上，提出精益化过程管控方法和措施，开展“全业务、全过程、全方位、全覆盖”的“四全”管控，做实“三阶段”一致性核查，建立“不符合不得开工、措施不落实不得施工、不合格不得转序、验收不合格不得投产使用”的“四不”放行负面清单，并通过精准识别和控制环境要素来实现管理和技术措施落地，取得了良好成效。

4.1 “四全”管控

特高压工程规模大、路径长，涉及的地质地形条件复杂、气候环境多样，参建单位和人员众多，环保水保的管理难度大。因此，从业务流程、管理职责、管理流程、专业监测、动态核查、预警管理等角度，按照“全业务、全过程、全方位、全覆盖”的原则进行“四全”管理。

4.1.1 全业务管控

（1）协同推进十类单位（含参建单位和专业相关单位）形成工作合力。

包括总部相关部门、专业建设管理单位、专业评审单位、属地电力公司、设计单位、工程监理单位、施工单位、环境影响报告书和水土保持方案编制单位、第三方技术服务单位以及工程沿线各级生态环境、水行政主管部门等。

（2）统筹推进十个工作环节形成完整业务链。包括环境影响报告书和水土保持方案的编制报审、初步设计（环保水保专篇）审查、设计与环评水保方案一致性核查、施工与设计一致性核查、施工图专项交底和图纸会检、各阶段专项培训、过程巡查和专项检查、验收调查及预验收、专项验收及报备和公开、验收核查。

（3）有序跟进十项管理和技术文件形成完整业务档案。包括环境影响报告书和水土保持方案、初步设计（环保水保专篇）、服务单位招标文件、专项设计和施工图、专项管理策划、监理计划、施工实施细则（单基策划）、专项培训课件、服务工作大纲、巡查报告和闭环整改报告以及验收报告等。

4.1.2 全过程管控

按照建设时序，特高压工程大致可分为前期阶段（或开工准备阶段）、施工阶段、验收准备阶段和验收阶段。

在工程前期阶段（开工准备阶段），主要工作包括工程环境影响报告书和水土保持方案的编制及报审；工程初步设计、施工图设计环保水保专项卷册的编制审查；环保水保第三方技术服务单位的招标；工程环保水保总体策划文件及专项工作计划的编制发布以及各参建单位实施策划、监理计划和实施细则的编审批；环保水保专业培训；环保水保专项设计交底及图纸会检；向地方行政主管部门备案等。

在工程施工阶段，主要工作包括环保水保措施的落地；工程标准化开工检查；施工与设计的一致性核查（单基策划和“一塔一图一案”）；专项检查和第三方技术服务单位的定期巡查；质量监督检查（纳入质量监督体系）；各类检查的整改闭环；水土保持补偿费缴纳；水保监测季报和年报的报备及公示等。

在验收准备阶段，主要工作包括环保水保预验收、预验收复检；环境监测；环境监理总结报告、竣工环境保护验收调查报告的编制及内部审查；水土保持监理总结报告、水土保持监测总结报告、水土保持设施验收报告的编制及内部审查。

在验收阶段，主要工作包括验收准备；验收申请；技术评审及现场核查；验收；信息公开及信息报备；资料整理归档。

总体来讲，工程前期阶段（开工准备阶段）的重点在于各类策划文件、设计与环评水保方案的衔接和一致性；施工阶段的重点在于按照要求抓好现场落实；验收准备阶段和验收阶段的重点在于提前完成问题处理，组织好问题整改和检查配合工作。

4.1.3 全覆盖管控

全覆盖管理主要包括资料核查、人员培训、巡查检查、问题整改、作业现场全覆盖。通过“五个全覆盖”，实现环保水保意识上无盲区，措施落实上无死角。

资料核查就是通过开工检查、过程中的定期或不定期检查、环保水保专项检查等实现全覆盖，做到“逢查必查环保水保资料”，从资料上来验证各参建单位的环保水保管理行为和管理职责的落实。

人员培训主要通过三级培训来实现人员全覆盖，过程中及时开展环保水保专业宣传和措施交底，帮助参建人员提高环保水保专业能力。

巡查检查主要通过定期巡查和“四不两直”抽查方式来实现工程全覆盖，确保不漏一个变电（换流）站及周边、一个线路标段及塔基。

问题整改就是通过建立问题清单和台账，严格执行整改销号、验收签字的规定，实现问题整改全覆盖。对于触犯红线的或不整改、假整改、屡查屡犯要进行内部通报，并纳入承包商资信评价和第三方技术服务单位的考核。

作业现场就是要通过空、天、地一体化信息化手段来实现监测监督全覆盖。对于作业现场问题要在定期协调会上进行反馈和通报，并开展各参建单位环保水保措施落实情况评定（“红、黄、绿”三色标识）和预警管理。

4.1.4 全方位监测

全方位监测是应用卫星遥感遥测、海拉瓦、大数据、无人机、超声测钎、全球定位系统、地理信息系统、移动网络等“天地一体化”新技术，建立特高压工程现场环境信息、水土保持在线监测与灾害预警、变电站环保水保智慧管控等信息化系统，辅助开展路径选择及优化、温湿度、噪声、扬尘、扰动面积、边坡位移等环保水保要素数据监测和统计分析工作，是实现环保水保监督管理的一个重要手段，目前在特高压工程中得到广泛运用。

4.2 “三阶段”一致性核查

特高压工程建设的周期长、环节多，因此应在工程前期阶段重点核查设计文件与环境影响报告书及水土保持方案（简称“设计与方案”）的一致性，在施工阶段重点核查施工现场与设计文件（简称“施工与设计”）的一致性，通过“三阶段”的一致性核查确保环保水保管理要求及措施一以贯之。

4.2.1 设计与方案的一致性核查

在工程前期阶段，组织开展工程初步设计方案专业评审，核查选址选线、建设内容及规模、生态保护区、生态红线、环境保护目标、环境保护措施与环境影响报告书及其批复的一致性，核查水土流失防治标准、水土流失防治责任范围、水土流失防治分区和分区防治措施、水土保持总投资、水土保持补偿费与水土保持方案及其批复文件的一致性。

对于和环境影响报告书及水土保持方案不一致的情况，由设计单位负责修改初设文件并重新评审。若出现表 4-1 和表 4-2 列举的情形之一的，属于重大变化或变更的，应当按照《输变电建设项目重大变动清单（试行）》（环办辐射〔2016〕84 号）和《水利部生产建设项目水土保持方案变更管理规定（试行）》（办水保〔2016〕65 号）的规定重新履行审批程序。

表 4-1　　环境保护输变电项目建设重大变动清单

序号	重大变动清单内容
1	电压等级升高
2	主变压器、换流变压器、高压电抗器等主要设备总数量增加超过原数量的 30%
3	输电线路路径长度增加超过原路径长度的 30%
4	变电站、换流站、开关站、串补站站址位移超过 500m
5	输电线路横向位移超出 500m 的累计长度超过原路径长度的 30%
6	因输变电工程路径、站址等发生变化，导致进入新的自然保护区、风景名胜区、饮用水水源保护区等生态敏感区
7	因输变电工程路径、站址等发生变化，导致新增的电磁和声环境敏感目标超过原数量的 30%
8	变电站由户内布置变为户外布置
9	输电线路由地下电缆改为架空线路
10	输电线路同塔多回架设改为多条线路架设累计长度超过原路径长度的 30%

表 4-2　水土保持方案重大变更清单

序号	重大变更清单内容
1	水土保持方案经批准后，生产建设项目地点、规模发生重大变化，有下列情形之一的，生产建设单位应当补充或修改水土保持方案，报原审批部门审批。 （1）涉及国家级和省级水土流失重点预防区或重点治理区的； （2）水土流失防治责任范围增加30%以上的； （3）开挖填筑土石方总量增加30%以上的； （4）线型工程山区、丘陵区部分横向位移超过300m的长度累计达到该部分线路长度20%以上的； （5）施工道路或伴行道路等长度增加20%以上的； （6）桥梁改路堤或隧道改路堑累计长度20km以上的
2	水土保持方案实施过程中，水土保持措施发生下列重大变更之一的，生产建设单位应当补充或修改水土保持方案，报原审批部门审批。 （1）表土剥离量减少30%以上的； （2）植物措施总面积减少30%以上的； （3）水土保持重要单位工程措施体系发生变化，可能导致水土保持功能显著降低或丧失的
3	在水土保持方案确定的废弃砂、石、土、矸石、尾矿、废渣等专门存放地（弃渣场）外新设弃渣场的，或者需要提高弃渣场堆渣量达到20%以上的，生产建设单位应当在弃渣前编制水土保持方案（弃渣场补充）报告书，报原审批部门批准。其中，新设弃渣场占地面积不足1公顷且最大堆渣高度不高于10m的生产建设单位可征得所在地县级人民政府同意，并纳入验收管理。渣场上述变化涉及稳定安全问题的，生产建设单位应组织开展相应的技术论证工作，按规定程序审查审批

4.2.2　施工与设计的一致性核查

在工程施工阶段，组织第三方技术服务单位和参建单位对照专项设计文件，逐项、逐基开展施工与设计的一致性核查。对于核查不符合设计文件要求的，限期整改到位。对于设计文件不明确的或措施不具体的，必须进行补充设计。

环境保护方面重点核查水污染防治设施（措施）、噪声防护设施（措施）、土壤污染防治设施（措施）、固体废弃物防治设施（措施）、拆迁及迹地恢复、环境敏感点治理是否严格落实设计文件要求，环境保护措施的实施效果是否满足管理要求。

水土保持方面重点核查工程措施如挡土墙、护坡、截排水沟、土方拦挡、表土剥离、土地整治、碎石覆盖、泥浆处理等工程量是否按照施工图纸工程量实施到位；临时措施如“拦挡、衬垫、苫盖、压实、喷淋”等是否执行到位，临时施工道路、施工场地等扰动面积是否在控制范围内，弃土弃渣是否按照设计文件堆置或综合利用；植物措施如植物物种选择是否与设计文件相符，是否适合当地气候和地质条件。

4.3 “四不”放行

为实现环保水保设施与工程同时设计、同时施工、同时投入运行，避免未批先建、前后脱节、未验先投、带病验收等违规违法问题的发生，建立了过程管控的负面清单，可概括为“四不”放行，即通过合理设置工程阶段性“关口”，将可能发生的各类问题消除在萌芽阶段。

4.3.1 不符合不得开工

下列6种不符合情形不得开工建设：

（1）设计文件与环境影响报告书及水土保持方案在原则上不一致；

（2）无施工图、施工图缺乏指导性或施工图不符合现场实际；

（3）建设管理单位《环保水保管理现场策划》、监理单位《环保水保监理计划》指导性不足；

（4）施工单位《环保水保实施细则》（包括线路工程《水保措施单基策划》）无针对性；

（5）施工道路修筑未经过业主审批，手续未申报或未备案；

（6）环保水保专项培训交底流于形式，参建人员不掌握相关规定或专业知识。

4.3.2 措施不落实不得继续施工

按照“表土剥离、先拦后堆弃、先护后扰、及时恢复”4 个关键环节实行放行制度；措施不落实不得继续施工；施工单位周密策划施工流程并现场交底，工程监理旁站签字放行，一个环节未完成、不得进入下一环节，从根子上解决“先破坏后治理”问题。

4.3.3 不合格不得转序

有针对性地开展月度巡查，季度形成全覆盖。通过多种信息化技术手段，精准定位检查目标，开展“四不两直”抽查，线路工程不符合的塔基坚决停工整改，整改不到位的“一票否决”，坚决不允许进入下道工序。将环保水保措施落实情况纳入工程质量监督检查内容，并作为转序前置条件之一，线路工程不符合要求的塔基不能转序，特别是在杆塔组立前阶段，解决“施工完毕再治理”的问题。

4.3.4 验收不合格不得投产使用

工程施工完成后，开展环保水保设施预验收，推行整改销号、验收签字制度，对整改真实性、整改成果的符合性进行抽查验证，确认整改率 100%后方可进入专项验收阶段。工程投产前，组织开展验收调查，问题全部整改完毕后出具验收报告；出具报告后方可组织验收（自主验收覆盖率和整改率必须达到

100%)，验收不合格不得投入使用。投产后及时公开和报备。

4.4 环境要素识别和控制

4.4.1 环境要素识别

工程建设和生态环境相互影响，一方面工程建设可能对生态环境造成破坏，另一方面施工环境可能为工程质量甚至安全带来风险。为减少破坏、降低风险，首先应准确识别环境要素，通过要素管理来实现结果控制。

基于工程实践和研究成果，提出18项环境管理要素，可简单概括为“磁木水火土，雷气尘光风，温湿油圾物，沉降位移声”，具体见表4-3。

表4-3　　18项环境管理要素说明

序号	要素	名词关联	涉及事项	监测或检测方式
1	磁	电磁环境（工频电场、工频磁场）	扩建站施工期临近带电体安全管控；运行期新建工程指标控制	设备监测、检测
2	木	植物（树木、灌木、草、草甸等天然和人工植物）	施工期植被保护和植被恢复；运行期生态环境	现场巡查
3	水	天然降水，暴雨、冰雹、雾、冰、覆冰；地下水；施工、生活用水和废水	施工期恶劣气候预警；废水处理；运行期水环境	天气预报
4	火	施工用火、生活用火、森林火灾	施工期消防管控、火灾预警及管控	环境信息系统预警
5	土	表土、余土、弃土	表土剥离，余土先拦后堆、先护后扰、及时恢复，弃土综合利用，苫盖	现场巡查
6	雷	雷电、雷声、雷暴、雷击、感应电	施工期防雷击伤人	天气预报

续表

序号	要素	名词关联	涉及事项	监测或检测方式
7	气	空气、有毒有害气体、大气	施工期有毒有害气体监测、安装环境洁净度监测	天气预报、设备测量
8	尘	扬尘、PM2.5、PM10、霾	洒水车抑尘、密目网苫盖	天气预报、设备测量
9	光	阳光、人工光、紫外线强度	人身防护	天气预报
10	风	风力、风向、大风、飓风、龙卷风	大风预警	风力风向仪、天气预报
11	温	温度	基础养护温度控制	天气预报、设备测量
12	湿	湿度	气体绝缘封闭组合电器安装湿度控制	天气预报、设备测量
13	油	设备用油、变压器油、汽油、柴油、润滑油	事故油坑，接油盒、吸油毡	现场巡查
14	圾	垃圾，建筑垃圾、生活垃圾	混凝土残渣、设备包装物、密目网、塑料布、废电池	现场巡查
15	物	动物，鸟类，昆虫	施工期动物、鸟类保护，灭杀苍蝇、蚊子、老鼠	现场巡查
16	沉降	地面沉降	变电站、线路沉降区、湿陷性黄土区	设备测量、监测
17	位移	边坡位移	山区线路塔基上下边坡、变电站护坡	设备测量、监测
18	声	噪声	施工期噪声；运行期变电站设备噪声和线路放电噪声	设备测量、监测

4.4.2 现场控制措施

根据工程经验，分析历次检查验收发现问题，可以发现，变电（换流）站管控重点在环境保护，对环境影响的要素主要是气、水、声、渣、油，重点防控的问题是大气污染、水污染、噪声超标、油污染、垃圾处理；线路工程管控重点在水土保持，对环境影响的要素主要是木、水、土、渣，重点防控的问题是弃渣溜坡和植被恢复问题。

为便于现场执行，针对上述环保水保通病或难题，制定了现场环保水保典型措施（详见表 4－4 和表 4－5），将环境保护划分为大气环境、水环境、声环境、固体废物、电磁环境以及生态保护 6 个方面（其中措施类 24 项、设施类 8 项），将水土保持按照单位工程划分为表土保护、拦渣措施、临时防护、边坡防护、截排水、土地整治、防风固沙、降水蓄渗、植被恢复 9 类（其中措施类 14 项、设施类 17 项）。

（1）环境保护设施（措施）。具体如下。

大气环境：包括洒水抑尘、雾炮机抑尘、密目网遮盖抑尘、全封闭车辆运输、施工车辆清洗。

水环境：包括临时水冲厕所、简易旱厕、临时化粪池、移动式生活污水处理装置、废水沉淀池、泥浆沉淀池、变电站（换流站）生活污水处理装置、事故油池、隔油池。

声环境：包括低噪声设备、隔声罩、声屏障、围墙加高、吸音墙。

固体废物：包括施工场地垃圾箱、建筑垃圾运输、变电站（换流站）垃圾箱。

电磁环境：包括高压标识牌、房屋拆迁及迹地恢复。

生态保护：包括施工限界、棕垫隔离、彩条布隔离与铺垫、钢板铺垫、孔洞盖板、植物保护标示牌、动物保护标示牌、人工鸟窝、防鸟刺。

（2）水土保持设施（措施）。具体如下。

表土保护：包括表土回覆、表土剥离、草皮剥离、草皮养护、草皮回铺、表土铺垫保护。

拦渣措施：包括挡渣墙（堡坎）。

临时防护：包括临时排水沟、沉沙、填土编织袋（植生袋）拦挡、干砌石临时拦挡。

边坡防护：包括浆砌石护坡、干砌石护坡、植物骨架护坡、生态袋绿化护坡、客土喷播绿化护坡、植草砖护坡、混凝土预制块护坡。

截排水：包括雨水排水管、浆砌石截排水沟、混凝土截排水沟、预制截排水沟、生态截排水沟。

土地整治：包括全面整地、带状整地、穴状整地。

防风固沙：包括柴草沙障、柳条沙障、石方格沙障。

降水蓄渗：包括雨水蓄水池、透水砖、植草砖以及碎石压盖。

植被恢复：包括种植乔木、灌木，条播种草，穴播种草，撒播种草。

表 4-4　　环境保护措施及设施分类

环境要素	措施	设施	适用工序	适用范围
大气环境	洒水抑尘		施工阶段	变电（换流）站和输电线路大气环境保护
	雾炮机抑尘			
	密目网遮盖抑尘			
	全封闭车辆运输			
	施工车辆清洗			
水环境	临时水冲式厕所		施工阶段	变电（换流）站和输电线路水环境保护
	简易旱厕			
	临时化粪池			
	移动式生活污水处理装置			
	废水沉淀池			
	泥浆沉淀池			
		生活污水处理装置	运行阶段	变电（换流）站水环境保护
		事故油池		变电（换流）站水环境风险防控
		隔油池		
声环境		低噪声设备	运行阶段	变电（换流）站声环境保护
		隔声罩		
		声屏障		
		加高围墙		
		吸音墙		

续表

环境要素	措施	设施	适用工序	适用范围
固体废物	施工场地垃圾箱		施工阶段	变电（换流）站和输电线路固体废物环境保护
	建筑垃圾运输			
	变电站（换流站）垃圾箱		运行阶段	
电磁环境	高压标识牌		运行阶段	输电线路电磁环境保护
	房屋拆迁及迹地恢复		施工阶段	
生态保护	施工限界		施工阶段	变电（换流）站和输电线路生态保护
	棕垫隔离		施工阶段	
	彩条布隔离与铺垫		施工阶段	
	钢板铺垫		施工阶段	
	孔洞盖板		施工阶段	
	保护标志牌		施工阶段	
	人工鸟窝		运行阶段	
	防鸟刺		运行阶段	
合计	24	8		

表 4-5 水土保持措施及设施分类

单位工程	措施	设施	适用工序	适用范围
表土保护	表土剥离		施工阶段	变电（换流）站和输电线路表土保护
	表土回覆		施工阶段	
	草皮剥离、养护、回铺		施工、运行阶段	
	表土铺垫保护		施工阶段	
拦渣措施		挡渣墙（堡坎）	施工阶段	山丘区塔基基础余土（渣）的防护
临时防护	临时排水沟		施工阶段	变电（换流）站和输电线路临时堆土、堆料及裸露场地临时防护
	临时沉沙池			
	填土编织袋（植生袋）拦挡			
	干砌石临时拦挡			
边坡防护		浆砌石护坡、干砌石护坡	施工阶段	变电（换流）站和输电线路开挖边坡和回填边坡防护
		植物骨架护坡		

续表

单位工程	措施	设施	适用工序	适用范围
边坡防护		生态袋绿化护坡	施工阶段	变电（换流）站和输电线路开挖边坡和回填边坡防护
		客土喷播绿化护坡		
		植草砖护坡		
		混凝土预制块护坡		
截排水		雨水排水管	施工阶段	变电（换流）站和输电线路坡面来水的拦截、疏导和场内汇水的排除
		浆砌石截排水沟		
		混凝土截排水沟		
		预制截排水沟		
		生态截排水沟		
土地整治	全面整地		施工阶段	变电（换流）站和输电线路土地整治
	带状整地			
	穴状整地			
防风固沙		柴草（柳条）沙障	施工、运行阶段	变电（换流）站和输电线路扰动地表沙地治理
		石方格沙障		
降水蓄渗		雨水蓄水池		变电（换流）站区排水蓄水
		透水砖、植草砖		
		碎石压盖		
植被恢复	种植乔木、灌木		施工阶段	变电（换流）站和输电线路扰动地表的植被恢复
	条播种草		施工阶段	
	穴播种草			
	撒播种草			
合计	14	17		

表 4－4 和表 4－5 提出的现场措施不仅包括技术措施，也涉及管理措施。比如对于山区塔基余土处理的问题，可分类采取以下措施。

（1）对于场地开阔、坡度在 15° 以内的塔位，可将弃土在塔基范围内平摊堆放，并在施工结束后恢复原始植被或采取表面固化措施。

（2）当地形坡度小于 10° 时，现场测算弃土弃渣工程量，计算出基础的外露高度，在确保基础顶面露出至少 200mm 且场地不积水的情况下，将弃土在塔基范围内堆放成龟背型（堆放土石边缘按 1∶1.5 放坡），如图 4－1 所示。

（3）当地形坡度在 10°～15° 时，现场测算弃土工程量，计算出基础的外露高度，在塔位下边坡设置挡土墙，将弃土堆放在塔基范围内，确保基础顶面露出至少 200mm 且场地不得积水，如图 4－2 所示。此类塔位施工中，必须调整施工顺序，先修筑挡土墙（必须满足在基岩内的嵌固深度且自身稳定），之后方可进行基面平整、基坑开挖等土石方工程施工。

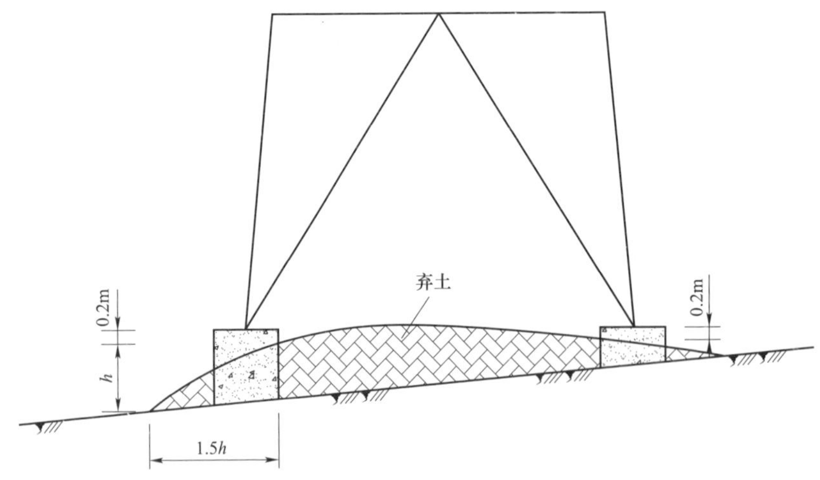

图 4－1 塔位地形坡度小于 10° 时的余土处理方式

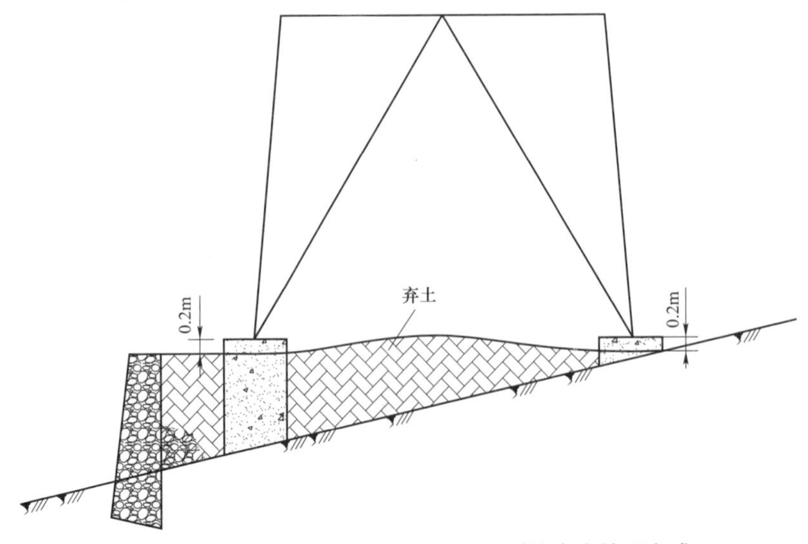

图 4－2 塔位地形坡度在 10°～15° 时的余土处理方式

（4）对于地形坡度在 15°～25° 的塔位，应对塔位附近的地形进行仔细勘察，尽量在塔位附近选择恰当的位置设置挡土墙，将弃土堆放到挡土墙内，如果塔位附近找不到合适位置，则需将弃土外运综合处理。

（5）地形坡度大于 25° 的塔位，不宜在塔位周围堆放余土，弃土必须外运综合处理。

4.4.3 施工垃圾分类及处置

根据《中华人民共和国固体废物污染环境防治法》和国家有关垃圾分类与处理的政策，系统梳理和规范特高压工程建设垃圾分类与处置全过程，提出了垃圾分类类别、投放、临时性堆放、标识、转运与处置等内容，在张北—雄安等工程中试点开展垃圾分类处置工作，不断提高工程垃圾减量化、资源化、无害化和安全化处置水平。

（1）划分类别。工程施工阶段产生的垃圾总体可以分为三大类，包括可回收垃圾、不可回收垃圾和有毒有害垃圾。

可回收垃圾主要有金属类、木料类、纸类、塑料类、织物类和橡胶类等六类。

不可回收垃圾主要有渣土、弃土，混凝土、砂浆、砂石，陶瓷制品，砖瓦类等四类。

有毒有害垃圾主要有废矿物油、废铅酸电池、废六氟化硫气体、废锂电池、废沥青制品等五类。

（2）处置方式。相关处置方式如下。

可回收垃圾中，废电缆盖板、废金属表箱、废导线盘、废塔材等电力行业属性明显的可回收垃圾可交由相应生产厂家或生产单位进行回收利用。其他类型的可回收垃圾一般交由再生资源企业进行分拣和资源化利用。

不可回收垃圾中，渣土、弃土、废混凝土块、砂浆、砂石、废砖瓦、陶瓷等处置应符合 CJJ/T 134—2019《建筑垃圾处理技术标准》要求。

有毒有害垃圾中，列入《国家危险废物名录》（2016 版）的危险废弃物必须运送至生态环境部门授权的具有相应资质的单位进行集中处理，无害化处理后可用于回收的有毒有害垃圾应由具有相应资质的公司进行回收。

第5章 低碳化建设技术

全面贯彻绿色发展理念，坚持“节能、减排、低碳、固碳”，积极推进绿色低碳建筑、环境污染防治、环保运输、绿色施工、植被修复等技术研究和推广应用，减少工程建设对环境的影响，实现施工方式由粗放向精益变革，推动特高压电网绿色可持续发展。

5.1 绿色低碳建筑

5.1.1 绿色低能耗建筑

特高压变电站（换流站）内建筑物是典型的工业建筑，在规划设计、施工和运行的全寿命周期内贯彻绿色发展理念具有显著的社会经济效益和行业示范功能。站内建筑物绿色发展的方向是低能耗绿色建筑，重点在节能，还包括节地、节水、节材及环境保护。

规划和设计阶段是实现低能耗绿色建筑目标的关键。即从建筑整体综合设计概念出发，与环境、设备、能源等紧密结合，充分利用自然环境，针对建筑物所处的具体气候环境特征，创造良好的建筑室内微气候，减少对供暖供冷设备的依赖，从而达到节能的目的。设计内容主要包括总体规划与平面布置、建筑方案设计、围护结构保温隔热设计、无热桥设计、气密性设计、遮阳设计和机电系统设计。规划和设计阶段需注意以下方面：

（1）总体规划与平面布置重点在建筑平面布局，在满足总体规划要求、站内工艺布置要求的同时，合理地规划建设场地和建筑物布局，使建筑功能分区明确，合理控制建筑面积，提高建筑利用系数。建筑物能够在冬季获得足够的日照并避开主导风向，避免冷风对建筑的影响；增强夏季的自然通风、合理选择和利用景观、生态绿化等措施，减少热岛效应，改善场地的微气候环境，从而降低建筑用能需求。主要生产建筑及辅助（附属）建筑的布置应根据工艺要求和使用功能统一规划，宜结合工程条件采取分类集中、联合布置，优先采用联合建筑和多层建筑方案，节约用地。

（2）建筑方案设计时，应从分析建筑所在地区的气候条件出发，将建筑设计与建筑微气候、建筑技术和能源的有效利用相结合。通过对建筑能耗进行模拟计算，优化建筑朝向、体形系数、建筑窗墙面积比、围护结构热工性能、自然通风、自然采光、建筑遮阳、通风方式、新风预热方式、冷热源的选择等，从而选择最优方案。

（3）围护结构设计采用性能化设计方法，以建筑能耗和室内环境目标为导向，合理确定围护结构的保温隔热等性能参数，选择适用的门窗及屋面、墙体的保温材料等。

（4）无热桥设计时应辅助热桥模拟计算软件，模拟计算建筑外围护结构热桥部位的内表面温度不应低于室内的空气露点温度，具体包括外墙、屋面、地面和外门窗的无热桥设计。

（5）气密性设计应贯穿整个建筑设计、材料选择以及施工等各个环节，做到装修与土建一体化设计，基本要求是建筑气密层连续不间断，同时注重建筑整体的气密性。

（6）建筑遮阳设计应根据建筑所在地区的气候特点、房间使用要求以及窗口所在朝向综合考虑，优先选择外遮阳，具体可分为固定外遮阳和可调节外遮阳。建筑遮阳同时也要兼顾采光和通风要求。

（7）机电设备系统设计主要包括高效带热回收的新风换气系统和辅助冷热源。

在施工阶段，重点是全面落实设计文件要求，实现设计目标，同时采用绿色施工技术，降低施工对环境的不利影响。在运行阶段，主要是通过科学合理的运行维护来达到节能效果、降低维修成本及延长使用寿命。

以 1000kV 特高压邢台站为例，通过设计应用绿色低能耗建筑物，解决了变电站建筑能耗高、设备运行差等问题，保证了室内监控设备长期安全稳定运行，建筑节能率由常规的 65%提升至 80%，具有广泛的社会效益和经济效益。1000kV 特高压邢台站主控楼如图 5－1 所示。

图 5－1　1000kV 特高压邢台站主控楼

5.1.2　装配式主（辅）控制楼

特高压换流站主（辅）控制楼，不同于一般民用建筑和工业建筑，其层高较高，且每层设备重量较重。因此，采用装配式钢结构建筑存在明显的优势，尤其在北方地区。其优点在于：抗震性能好；主体施工造价低；施工周期短，不需考虑混凝土强度达标及拆除脚手架时间；施工受季节、环境影响较小，大幅减少冬期施工的制约。

主（辅）控制楼外墙采用较成熟的砌体砌筑加单层复合压型钢板（填充保温棉）的外围护。

（1）蒸压加气混凝土砌块是在钙质材料和硅质材料的配料中加入铝粉作加气剂，经加水搅拌、浇注成型、发气膨胀、预养切割，再经高压蒸汽养护而成的多孔硅酸盐砌块。蒸压加气混凝土砌块的单位体积重量是黏土砖的三分之一，保温性能是黏土砖的 3～4 倍，隔音性能是黏土砖的 2 倍，抗渗性能是黏土砖的 1 倍以上，耐火性能是钢筋混凝土的 6～8 倍。

（2）压型钢板是薄钢板经冷压或冷轧成型的钢材。具有单位重量轻、强度高、抗震性能好、施工快速、外形美观等优点，是良好的建筑材料和构件，作为外墙饰面可避免涂料、面砖墙体常见的开裂、脱落等现象，同时可避免湿作业施工。双层复合压型钢板可兼顾保温、隔热。

±800kV 灵州换流站钢结构主控楼如图 5－2 所示。

(a)

(b)

图 5-2　±800kV 灵州换流站钢结构主控楼

（a）主控楼钢结构；（b）主控楼实景

5.1.3　装配式围墙

装配式围墙，是采用工厂化加工制作方式，实现围墙抗风柱、墙板、压顶等结构的预制。装配式围墙具有节能、节材、低碳、无污染、临时占地少等特点，相较于现场浇筑具有安装易操作、功效快、周期短、无湿作业、不受气候限制（冬期施工）等优点。围墙抗风柱在围墙基础及地梁施工完成后即可组合吊装，能够快速实现整个工程施工区域与外部的隔离，有利于现场的环境保护、安全文明施工管理。围墙预制件采用清水混凝土技术，投运后，可减少后期维护。

1000kV 特高压工程装配式围墙如图 5-3 所示。

图 5-3 1000kV 特高压工程装配式围墙

5.1.4 装配式电缆沟

电缆沟是敷设电缆设施的地下围护结构，一般采用混凝土或砖砌结构，需具备防沉降、防风沙、防积水和支撑、阻燃等功能。由于特高压工程中存在电缆沟道多、直线段长、工期要求紧等情况，而装配式电缆沟具有分节合理、安装快捷方便、防渗抗震性能好等特点，所以采用装配式电缆沟施工，可以有效解决传统电缆沟施工方式的占地占道、工期长、交叉施工等问题。采用装配式预制混凝土沟道，施工更加便捷，成品质量易于控制，且不受天气和环境影响，施工速度快，交叉作业面小，对周围环境影响低。特高压工程装配式电缆沟如图 5-4 所示。

图 5-4 特高压工程装配式电缆沟

5.1.5 控制保护舱

特高压变电站（换流站）的一次设备、二次设备以及通信、监控设备，通常采用大量的动力电缆、控制电缆、信号电缆连接，由于不同性质、不同用途，电缆的布设与连接有不同的要求，给施工、检修、运行和扩建带来极大不便。采用预装式控制保护舱，具有安全性、通用性、经济性等特点。应用于交流滤波场的预装式控制保护舱，由舱体、二次设备、暖通、照明、消防、安防、图像等设备构成，舱内所有设备均在工厂内完成相关接线及调试工作，大大节约了施工工期，有效避免了电缆施工造成的交叉作业。保护方舱如图 5-5 所示。

图 5-5 保护方舱实物图

5.2 环 境 污 染 防 控

特高压工程主设备安装环境控制难、工艺要求高，线路工程不可避免在河网区域走线，工程建设与生态环境互相制约影响。综合应用水气土污染防治技术成果，能有效地解决不断出现的施工环境控制技术难题。

5.2.1 高空跨线组合精准安装技术

根据特高压变电站 V 形悬式绝缘子串、四分裂扩径导线的特点，对悬式绝缘子串采用悬链线和弦多边形分析方法建立结构模型，提出了通用的 V 形悬式绝缘子串、金具、导线组合结构受力分析模型，以及四分裂引下线在与 V 形绝缘子串的连接处产生的竖向荷载取值方法。在竖向及水平荷载条件下 V 形悬式绝缘子串的形状以及最下端 5 个绝缘子坐标位置，发明安装施工人员登高作业装置，解决 V 形绝缘子串在自重、导线与金具合力作用下的高空安装定位问题，并通过试验进行验证、校核，为电气金具的设计、制作、安装提供精确数据，改善变电站构架区局部电磁场分布，有效降低电晕及可听噪声水平。

高空跨线组合安装如图 5-6 所示。

图 5-6　高空跨线组合安装

5.2.2 自动滤油技术

传统特高压变压器全密封滤油方式需要人工全程监护、频繁操作滤油机、手动切换阀门，该方式存在油温提升慢、滤油耗费时间长、人员劳动强度大、易产生误操作及油污染等问题，滤油效率也较低。特高压变压器全自动滤油控制技术基于多维信息测量，将其有效、准确地转换成直观的视觉图像，通过操作箱显示屏即可对全系统进行调控以及参数设置，自动存储及监测分析滤油阶段全阶段数据，实现了变压器油全密封滤油的全过程实时监测，从而提高了滤油效率和质量。特高压变电站变压器全自动滤油系统，杜绝误操作的可能性，避免了因油泄漏造成的土壤污染和水污染，具有安全性、经济性、环境友好性等特点。特高压变压器全自动滤油控制系统如图 5-7 所示。

图 5-7　特高压变压器全自动滤油控制系统

5.2.3 GIS 超高洁净“工厂化”安装

现场气体绝缘封闭组合电器（Gas Insulated Switchgear，GIS）施工，要充分考虑到设备组装过程中对周围环境质量的控制，一旦尘埃、水分在组装时进入开关设备内部，形成污染物沉积在支持件表面，将大大降低绝缘体表面的闪络电压，造成 GIS 运行不可靠，甚至发生安全事故。

特高压 GIS 超高洁净装配系统，内置毫米级高精度对接装置，覆盖了各种型号 GIS 现场安装，解决了现场有限作业空间 GIS 精准安装及尘埃、水分控制的难题。工业级温湿度、洁净度综合控制技术，将设备安装洁净度提升至百万级，实现了现场“工厂化”超高洁净安装。制定了 Q/GDW 11907—2018《1000kV GIS 设备移动式车间验收规范》，并在二十多座特高压变电站全面推广应用。移动式厂房应用情况如图 5－8 所示。

图 5－8 GIS 移动式厂房应用情况

5.2.4 线路工程水污染防治

线路基础施工中，时常需要在水域中修建大型承台，临时围堰的实施必不可少。采用传统材料的草土围堰、土石围堰、混凝土围堰等围堰形式工程量较大，在水利水电工程建设中使用较多，用作水域承台施工的临时围堰并不适合。与其相比，拉森板桩围堰与钢吊（套）箱围堰等高强围堰形式工程造价相对较低，施工工艺也更为成熟，最大限度减少对湖面的占压、水质的扰动及水污染，避免了传统围堰大量弃渣污染，广泛应用于潍坊—临沂—枣庄—菏泽—石家庄 1000kV 特高压交流输变压工程等水域塔基施工的特高压工程中。应用拉森板桩围堰如图 5－9 所示。

图 5－9 应用拉森板桩围堰

5.3 环保运输技术

在电网建设中，输电线路的重型物资和变电站（换流站）的变压器（换流变压器）的运输会受到山区地形、道路桥梁、铁路隧道的制约。通过技术升级和技术创新，应用绿色运输技术，可减少山区修路、生态环境破坏、水土流失以及超重超大变压器（换流变压器）对道路桥梁、铁路隧道的改造。

5.3.1 新型货运索道技术

在交通条件受限的情况下，塔材运输曾经主要依靠人力、畜力和轻型索道。但人力、畜力、轻型货运索道的运输能力有限，多数在 1t 以下，不满足特高压工程超重塔材运输的要求。在山区，如果采用汽车运输超重塔材，需开山修路，会造成山体破坏、树木砍伐、弃渣溜坡等环境影响问题。因此，重型专用双线循环货运索道应运而生。重型专用双线循环货运索道，采取双承载索设计方式，满足 4t 荷载的运输需求；采取四承载索设计方式，满足 6t 荷载的运输需求。

新型货运索道运输技术，具备环保低碳、安全可靠、运载力强、拆卸方便等山区运输适应性优势，有效提升施工效率，大幅减少林木砍伐和水土流失，保护沿线自然生态环境。重型索道应用如图 5－10 所示。

图 5－10 重型索道应用

5.3.2 变压器（换流变压器）现场组装技术

变压器（换流变压器）是变电站（换流站）电能转换、传输的核心设备，也是主要的大型设备。尤其是为满足高海拔地区绝缘技术要求，特高压变压器（换流变压器）的重量和尺寸将进一步提升，整体运输重量将会达到350～600t，整体运输存在重量大、尺寸大、成本高、难度高等问题，受道路桥梁、涵洞和铁路隧道的制约。因此，需要改变传统的制造方式，整体组装由工厂转移到现场实现。变压器（换流变压器）现场组装技术，采用模块化设计，将工厂生产的零部件以散件或模块化的方式运输到现场，在现场完成组装、试验，从而有效解决了交通运输受限地区变压器（换流变压器）等大型设备运输的难题。变压器（换流变压器）现场组装技术，具有运输重量小、运输成本低、环境扰动小等优点。重量上，特高压变压器（换流变压器）最重件为U形铁芯，运输重量为80～100t，仅为传统整体运输方式最大重量的1/5～1/4，减少了大件运输及桥梁加固费用，破解了超大尺寸受铁路隧道等因素限制难题，具有良好的经济效益和社会效益。

5.3.3 换流阀规模化安装技术

特高压直流换流阀，由成千上万个元部件组成，是换流站的核心元件。每个极的低端、高端均采用12脉动换流阀组成，整个阀塔为悬吊式结构。

早期的换流阀塔安装，是将换流阀层的晶闸管组件、电抗器组件、阀架绝缘支撑拉杆、阀层屏蔽环等在厂内分体包装，运至现场组装、吊装；采用换流阀规模化安装后，是将换流阀层整体在厂内组装，再整体运至现场直接安装。

采用换流阀规模化安装，一是可缩短施工工期，提高效率约40%；二是在厂内进行安装过程可控性更强，工艺一致性有保证，质量可靠；三是减少了安全风险隐患，如现场升降车使用频率和人员多次频繁地从升降车移动至阀塔内的安全风险等。换流阀规模化安装如图 5－11 所示。

图 5－11 换流阀规模化安装

5.3.4 超长复合绝缘子分节技术

在特高压电网建设和运行维护中，特高压直流线路复合绝缘子遇到了两方面的困难：一是整只长度达到了 12～16m，制造、运输困难，也增加了各个环节损坏的风险；二是 V 形绝缘子串卸载问题，尤其是在紧凑型线路上且大风或舞动情况下，频繁发生复合绝缘子掉串事故（钢脚从碗头挂板中脱出）。

经过技术攻关，在确保电气绝缘技术要求前提下，采用封闭碗头技术，实现超长复合绝缘子分节，达到了方便制造、运输，满足运行可靠性的目标。

封闭碗头，工艺质量、连接尺寸、荷载强度，均符合 GB/T 2314《电力金具通用技术条件》，并采用锻造技术工艺，节省材料、质量稳定。

超长复合绝缘子分节技术在多个特高压直流工程得到应用。±800kV 锦屏—苏南特高压直流线路工程，在 2011 年建设时期安装了 1.8 万余套，经过了 10 年严冬酷暑等恶劣气候的考验，无异常。复合绝缘子分节及封闭碗头技术如图 5－12 所示。

(a)

(b)

图 5－12　复合绝缘子分节及封闭碗头技术
（a）复合绝缘子分节及封闭碗头技术；（b）封闭碗头

5.4　绿色施工技术

特高压工程线路组塔和架线施工过程中，易对周围生态环境造成大面积扰动，通过开展线路平臂（摇臂）抱杆组塔技术、飞行器空中架线技术研究，可有效提升山区组塔架线施工效率，大幅减少土地扰动和水土流失，保护沿线自然生态环境。

5.4.1　海拉瓦数字技术应用

利用海拉瓦全数字化摄影系统技术选线，能够提高工作效率和实时性，减少工程建设对生态敏感区的影响，可为规划走廊内线路规划多方案比选提供科学和精确的量化参考，以张北—雄安 1000kV 特高压交流输变电工程为例，应用海拉瓦技术，减少路径长度 5.5km，有效避让了泥河湾国家级自然保护区和摩天岭省级自然保护区。

施工图设计阶段，采用全方位高低腿原状土基础设计，减少开挖土石方，开展“一塔一图”的水土保持专项设计，结合现场实际设计优化，确保水土保持措施符合生态保护要求。

5.4.2 大截面导线技术

输电线路导线由于电阻的存在，电能在传输过程中会产生一定的损耗，这一部分损耗费用相当可观。在超高压和特高压线路工程中，架线工程一般占本体投资的 30%左右，从全寿命周期角度而言，优化调整经济电流密度标准，适当地应用大截面导线，能有效地降低输电线路的损耗，提高整体效益水平，达到节能降耗的目的。采用大截面导线，在减小线路损耗的同时，还可以降低输电线路的表面场强、无线电干扰和可听噪声等，实现环境友好目标。

在±800kV 锦屏—苏南特高压直流工程中，成功研制并应用了 900mm^2 系列大截面导线及其配套金具、施工工艺，实现了我国导线整体制造技术由三层铝股绞制技术向四层铝股绞制技术的升级。之后，又以 900mm^2 系列大截面导线为基础，成功研制出 1000mm^2 和 1250mm^2 系列大截面导线，并在±660kV 宁东—山东直流工程、±800kV 灵州—绍兴和±1100kV 准东—华东特高压直流工程等得到广泛应用。随着我国新型电力系统建设战略实施，特高压电网建设方兴未艾，大截面导线应用具有更广阔的前景，将发挥更大的作用，产生更高的效益。大截面导线应用如图 5－13 所示。

图 5-13 大截面导线应用

5.4.3 落地（平、摇臂）抱杆组塔

传统的铁塔组立施工工艺，采用悬浮抱杆技术较为普遍，但随着特高压技术的发展，铁塔高度、单件重量发生了较大的变化，利用悬浮抱杆组塔存在很大的局限性，安全风险相对较高。因此，落地（平、摇臂）抱杆组塔应运而生。摇臂和平臂抱杆与建筑塔吊相比，二者的优点主要体现在可向上折叠收拢的双臂，解决了吊臂高空拆除的难题，同时二者均为平衡对称起吊，吊装工效高。摇臂抱杆利用摇臂的变幅来实现不同塔段的就位。双臂平衡与传统摇臂抱杆相比，其优点主要体现在变幅小车。小车与吊臂旋转系统配合，安装就位灵活准确，避免了强制性就位组装，克服了摇臂抱杆需要采用大负荷调臂滑轮组调整塔件位置的困难。2011 年，经过特高压重大装备标准化研究，落地双平臂抱杆设计和加工更加标准化，能够满足各种塔型、塔高、塔重需求，与传统塔吊施工相比，不需布置拉线，平均每基塔减少扰动面积 1600m^2。落地（双摇臂、双平臂）抱杆组塔如图 5 – 14 所示。

(a) (b)

图 5-14 落地（双摇臂、双平臂）抱杆组塔

（a）双摇臂抱杆组塔；（b）双平臂抱杆组塔

5.4.4 飞行器展放导引绳

为了减少线路工程架线施工对周围环境的影响，特高压工程基本上采取不落地方式，展放各级导引绳、牵引绳、导地线及光缆。采用飞行器展放初级引导绳，在牵引过程中，通过控制两个走板的前后距离，来控制时间满足 30min 的要求，同时控制各子导线的张力，使各子导线的应力一致，有效减少初伸长对子导线弧垂的影响。特高压工程采取无人机、动力伞等飞行器展放初导绳、张力展放牵引绳及导地线，避免了路径植被破坏和扰动。与传统地面展放引绳比较，每千米路径减少地面扰动约 3000m^2。飞行器展放导引绳、无人机空中架线如图 5-15 所示。

(a) (b)

图 5-15 飞行器展放初导绳

（a）无人机展放初导绳；（b）动力伞展放初导绳

5.5 植被修复技术

5.5.1 植被快速修复技术

针对线路塔基的小型边坡植被成活率低的技术问题，通过优化筛选优势物种、快速提升土壤肥力、高效利用雨水等植被生长环境改善技术研究，提出适用于干旱区输电线路工程塔基边坡的水土保持植被修复技术体系，满足特殊水土条件下的输变电工程边坡植被修复需求，为工程水土保持植被修复提供理论基础和实践依据。

建立线路塔基小型边坡及平缓地生态修复技术体系，开展“群落配置及混播技术、植被植生基质配置技术、塔基植被重建施工技术”研究，在现场开展试验及对照。

首先将不同的种子配方形成3个不同的混播配方梯度，表5-1是将禾本科、豆科、菊科等11种种子按照不同用量形成的混播配方A。

表5-1 混播配方A

配方A	种类	名称	千粒重/g	用量/($g \cdot m^{-2}$)
1	禾本科	羊草	2	2
2		扁穗冰草	2	2.4
3		披碱草	3.5	4.2
4		狗尾草	1	2.2
5		多年生黑麦草	2	4
6	豆科	沙打旺	1.6	2
7		苦豆子	18	3.6
8		草木樨	2	2

续表

配方 A	种类	名称	千粒重/g	用量/（g·m^{-2}）
9	菊科	蒲公英	1.2	1
10		沙蒿	0.2	0.4
11		苦麦菜	1	0.6
小计				23. 4

其次将不同的植生基质梯度，形成 5 个不同的配方组别，表 5－2 是根据不同的原土、保水剂、复合肥、微生物菌剂等使用量形成的不同配方。

表5-2　　植生基质配方梯度

项目	配方	备注
梯度 1	采用 1 份原土，掺入保水剂 15g/m^2，复合肥 15g/m^2。掺土量是保水剂 30 倍以上，作为基肥，种子播完后覆盖原土	
梯度 2	采用 1 份原土，掺入保水剂 15g/m^2，复合肥 15g/m^2，掺土量是保水剂 30 倍以上，作为基肥；种植土 150g/m^2、微生物菌剂 2g/m^2 作为盖种肥	
梯度 3	采用 1 份原土与种植土 100g/m^2 拌匀，掺入保水剂 20g/m^2，复合肥 15g/m^2；掺土量是保水剂 30 倍以上。作为盖种肥	
梯度 4	采用 1 份原土与种植土 150g/m^2 拌匀，掺入保水剂 20g/m^2，复合肥 15g/m^2，微生物菌剂 2g/m^2；掺土量是保水剂 30 倍以上，作为盖种肥	
梯度 5	采用 1 份原土，掺入复合肥 15g/m^2，种子播完后适当覆盖原土	对照组

最后将配方组合和梯度组合进行匹配，现场应用不同的匹配方案开展应用。塔基边坡采用穴播和条播方式、平缓地带采取撒播方式进行挖穴、开槽植被恢复整地，条播种植行距 40cm，沟宽 15～20cm，沟深 10～12cm；穴播种植间距 50cm，穴深 20～30cm。将土壤耙松、初平后，槽、穴内，地表回覆表土或基质配方，播种混播草籽，覆土厚度约 1cm，适当踩压。视季节或地形情况用椰丝毯或无纺布或加筋生态毯 3 种生态护坡毯覆盖保墒。做好浇水抚育措施，保证植被成活率。

植被快速修复技术提升了干旱区线路工程的边坡植被成活率和覆盖度，恢复率可以提高 30%～50%。提高植被恢复率措施如图 5－16 所示。

(a) (b)

(c) (d)

图 5-16　植被快速修复技术实施图

（a）边坡开槽；（b）边坡挖穴；（c）埋入基质配方、混播草籽、盖种肥；

（d）局部覆盖无纺布保墒抚育

5.5.2　植生袋快速固土植被修复技术

特高压工程山丘区塔基植被修复的另一个难点是易发生土壤侵蚀、冲沟、弃渣溜坡等水土流失问题，现有的浆砌石挡墙等工程措施、编织袋拦挡等临时措施、移栽灌木等植物措施在治理水土流失上起到一定作用，但因其时效性差，固土作用不明显，易被雨水冲刷，造成熟土流失、植被恢复率低。

通过表土剥离后直接装入植生袋，用装入表土的植生袋建设生态挡墙、生态护坡，采取永临结合的方式对余土产生有效拦挡，不需重复倒运余土、不需建设浆砌石挡墙，施工完毕余土能尽快稳固、及时恢复植被，杜绝雨水冲刷基面，植生袋三年可降解，植生袋内草籽成活率高，可大幅度降低塔基水土流失发生率，避免弃渣溜坡等环境破坏问题发生。

在基础施工阶段，采用植生袋生态挡墙的方式，可将特高压山丘区塔基水土流失发生率由45%降低为5%。植生袋应用降低水土流失发生率措施如图5－17所示。

图5－17　植生袋固土植被快速修复实施图

（a）植生袋永临结合拦挡；（b）植生袋生态挡墙建设；（c）植生袋生态护坡建设；（d）植生袋护坡快速发挥固土、防雨水冲刷作用；（e）植生袋护坡植被快速恢复；（f）植生袋挡墙植被快速恢复

第6章 数字化监测技术

环境监测是环境科学的一个重要分支学科，是在环境分析的基础上发展起来的。狭义的环境监测是指环境监测机构对环境质量状况进行监视和测定的活动，具体是通过对反映环境质量的指标（包括物理指标的监测、化学指标的监测和生态系统的监测）进行监视和测定，以确定环境污染状况和环境质量的高低。环境监测是评价环境质量及其变化趋势的基础和支撑力量，是进行环境管理和决策的重要依据。

特高压工程早期的环境监测－环境分析，主要是对测定对象进行间断地、定时、定点、局部的监测和分析，但仅对某一影响因素进行某一地点、某一时刻的分析测定是不够的，不能及时、准确、全面地反映环境质量，还包含着大量的可探究、可追踪的存在信息，必须对各种有关环境影响因素在一定范围、时间、空间内进行多元素、全方位的测定，分析其综合测定数据，才能对环境质量做出确切评价。随着工业和科学技术的发展，电网行业的环境监测技术也迅速发展，仪器分析、计算机控制等现代化手段在环境监测中得到了广泛应用。各种新型监测技术相继问世，例如物理监测、生物监测、生态监测、卫星遥感、无人机遥感等。特高压工程建设过程中施工点多面广、变电站电磁环境复杂，对沿线生态环境扰动呈现动态特点，环境监测也逐步从单一监测分析发展到对大环境的监测，已从多点、间断、局部逐步过渡到自动、连续、远程、实时、全线覆盖的监测。监测方式也从部分点发展到整条特高压线路、整个区域乃至全国的特高压工程。

近年来，特高压工程建设聚焦环境友好性目标，围绕精准、全面监控开展研究，形成了“一图三控”数字化环保监测预警技术体系。“一图”是特高压环境保护一张图，是一张可覆盖工程全线、数据唯一可靠的特高压生态环境数据，能够动态反映生态环境现实、预测环境影响趋势；“三控”是环境影响因子监控、环境影响过程监控及环境影响趋势监控。编制“一图”是为“三控”提供依据和指导，“三控”分别从目标、过程、趋势三个维度进行监测，“三控”的完整内容可在“一图”中进行全域监控及展示，三个方面环环相扣、互为补充。

本章节以“一图三控”技术体系为框架，全面介绍特高压工程环境保护数字化监测技术。

6.1 环境保护一张图

6.1.1 技术背景

为实现特高压工程线路周边环境敏感区的精准避让，进行敏感区范围内环境因子监控，环境过程监控及环境影响趋势监控的交互展示，基于特高压建设项目路径图、环境敏感区拐点坐标、遥感影像平面图及环境因子、过程、趋势等数据，在工程初期构建 “一图”。作为“一图三控”中提纲挈领的技术手段，是数字化监测体系中贯穿前期选线到竣工验收阶段的主线。

首先，“一图”可直观地展示特高压工程路径、环境敏感区的空间分布情况，实现规划阶段选线功能，线路调整和新进入环境敏感区监测和告警功能，同时可展示具体涉及的杆塔号和线路穿越长度等相关信息，避免发生环保水保重大变动（变更）而影响工程的顺利验收。

其次，“一图”可根据项目环评及水保方案的要求，在相应工程部位简要标注环保水保措施的设计要点，有利于管理人员对现场措施的落实把控；参建人员可通过系统了解项目周边的环境敏感区的分布情况，同时也为建设项目设计变更范围提供了“安全区指南”，有效提高了特高压建设过程规避环保水保违法违规的管理能力。

再次，“一图”可综合敏感区域的电磁、噪声、污染、固废、SF_6、地面扰动等具体监测数据、分析结果、超标预警信息，以问题为导向进行单个项目至区域所有项目的整体管控，以最少的人力投入，进行最精确全面的管控，打造智能电网的环保数字化监测体系。

综上所述，“一图”可对工程进行环保选线优化，缩短环评编制、审查的周期；加强工程的环保重大变动、水保重大变更管理；对环境各类监测数据进行分析及预警；以工程或区域为对象进行环境保护情况全方位的监管，为工程项目建设过程及环保水保专项验收保驾护航。特高压工程环境敏感区一张图界面如图6-1所示。

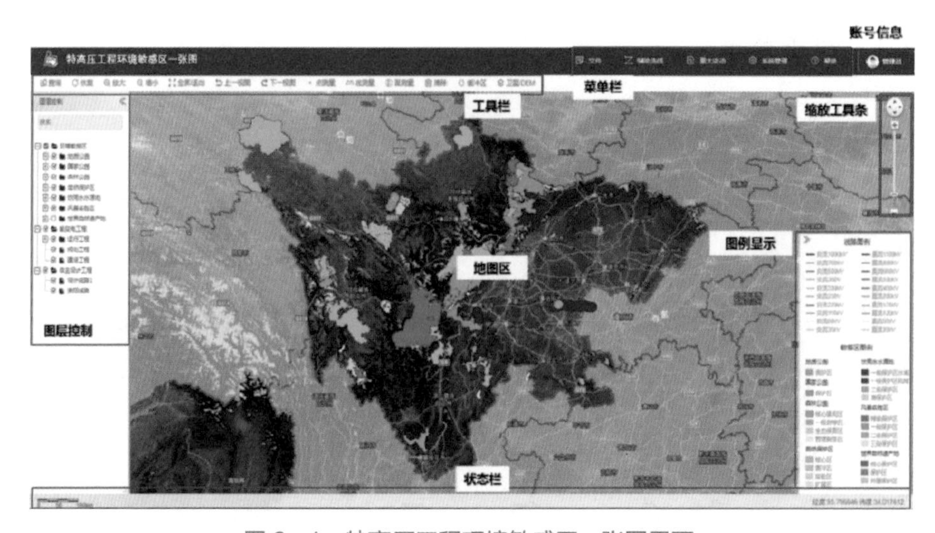

图6-1　特高压工程环境敏感区一张图界面

6.1.2 应用场景

该技术可应用于前期选线到竣工验收阶段的环境保护工作中。第一，适用于全过程的环境常规监测和在线监测的基础数据接入、分析结果展示及预警提示；第二，选线阶段，适用于新建特高压线路路径设计，已有线路路径调整和路径设计辅助信息查询；第三，适用于施工阶段和预验收阶段由于线路调整、新进入环境敏感区而有可能造成重大变动（变更）的核查等。

6.2 环境影响因子监控

为符合环保水保行政主管部门的要求及各项环保导则、水保标准规范的要求，需对地表水、噪声、电磁环境、水土流失影响因子、水土流失状况、水土保持措施及效果、水土流失危害等进行合规性监测，以上监测指标需在建设期及竣工环保水保设施验收时达标，方可通过专项验收。

6.2.1 监测内容

监测对象主要分为环境监测和水保监测，其中，环境监测主要包括地表水、噪声、电磁；水保监测包括水土流失影响因子监测、水土流失状况监测、水土保持措施及效果监测、水土流失危害监测。

（1）地表水。施工期水污染源主要包括施工人员的生活污水和施工生产废水。运行期水污染源主要是有人值守变电站站内值班人员产生的生活污水和受端换流站阀冷却水。如果废污水不外排，污水经处理后，用于站内绿化；

如需外排，需进行监测，监测因子为：化学需氧量（Chemical Oxygen Demand，COD）、氨氮量、生化需氧量（Biochemical Oxygen Demand，BOD）、pH 值、石油类等（换流站外排冷却水如作为农业用途时，需对全盐量、水温等进行分析）。

（2）噪声。监测因子为等效连续 A 声级。昼夜各监测一次，监测点位设在变电站厂界四周、变电站周边敏感目标、线路涉及的声环境敏感目标等处。

（3）电磁环境。交流特高压监测因子包括工频电场、工频磁场。监测点位设在变电站无进出线或远离进出线（距离边导线地面投影不少于 20m）的围墙外且距离围墙 5m 处、线路涉及的电磁环境敏感目标、线路断面等处。

直流特高压监测因子包括合成场强、离子流密度、直流磁场。监测点位设在输电线路断面处、换流站各侧围墙外（含进出线线下）距离围墙 5m 处、敏感目标处等。合成电场及离子流测点在地面上，直流磁场测点在距地面 1.5m 高度处。

（4）水土流失影响因子监测。包括原地貌土地利用、植被覆盖度、气象因子，防治责任范围、扰动地表面积、取土（石、料）、弃土（石、渣）等。

（5）水土流失状况监测。包括水土流失类型及面积、工程区内土壤流失量、水土流失程度的变化情况，以及取土（石、料）、弃土（石、渣）潜在土壤流失量。

（6）水土保持措施及效果监测。包括防治措施的数量和质量，林草措施成活率及盖度，防护工程稳定性、完好程度和运行情况，各项防治措施的拦渣、保土效果。

（7）水土流失危害监测。包括项目区水土流失灾害隐患，水土流失及造成的危害。例如局部施工区域因侵蚀性降雨引起的地表径流冲刷造成局部坍塌、淤积等环境灾害情况。

其中，水保监测重点量化指标为植被覆盖度、扰动地表面积、水土保持措施规格、林草措施成活率及盖度、潜在水土流失量和水土流失危害监测等。

6.2.2 监测技术

监测技术具体见表 6-1。

表6-1 监 测 技 术

监测对象		监测因子/指标	参考标准	仪器
环保	地表水	pH 值、硬度、电导率、溶解氧、浊度、COD、氧化还原电位、氨氮、BOD、石油类等（换流站外排冷却水如作为农业用途时，需对全盐量、水温等进行分析）	GB 3838《地表水环境质量标准》 GB 5084《农田灌溉水质标准》 GB 8978《污水综合排放标准》 HJ 91.1《污水监测技术规范》 HJ 493《水质采集 样品的保存和管理技术规定》	取样检测（硬度、COD、氨氮、BOD、石油类等），在线检测设备（pH 值、电导率、溶解氧、浊度、氧化还原电位等）
	噪声	等效连续 A 声级	GB 3096—2008《声环境质量标准》 GB 12348—2008《工业企业厂界噪声排放标准》	多功能声级计
	电磁	交流：工频电场、工频磁场	HJ 681—2013《交流输变电工程电磁环境监测方法（试行）》	电磁辐射分析仪
		直流：合成场强、离子流密度、直流磁场	GB 39220—2020《直流输电工程合成电场限值及其监测方法》 DL/T 1089—2008《直流换流站与线路合成场强、离子流密度测量方法》 DL/T 2038—2019《高压直流输电工程直流磁场测量方法》	直流合成场强测量仪、直流磁场测量仪
水保	水土流失影响因子	原地貌土地利用		现场调查、遥感调查
		扰动地表面积		现场测量、遥感测量
	水土流失状况	植被覆盖度		现场抽样调查和测量、遥感监测
		水土流失量		测钎法、沉沙池和侵蚀沟、水土保持在线监测系统
	水土保持措施及效果	水土保持措施规格		现场抽样调查和测量、无人机遥感（倾斜摄影）监测
		林草措施成活率及盖度		现场抽样调查和测量、遥感监测
	水土流失危害监测	水土流失危害监测		巡查、遥感监测

注　表格中“遥感监测”泛指卫星遥感和无人机遥感技术，“无人机遥感”特指利用无人机影像进行监测的技术。

综上，地表水环境因子、声环境因子、电磁环境因子、水土流失影响因子、水土流失状况、水土保持措施及效果、水土流失危害监测大多可采取数字化监测技术进行监测。

6.3 环境影响过程监控

按照国家环境保护行政主管部门和水行政主管部门事中监管要求，为及时发现环境破坏和水土流失问题，采用“高分遥感普查+无人机详查+移动数据采集”的思路，基于卫星遥感、无人机航拍等技术，提出特高压工程环保水保“空天地一体化”巡查技术体系，监控工程建设过程的环境影响情况。

6.3.1 卫星遥感巡查

（1）技术背景。卫星遥感巡查技术构建了电网领域首个环保水保典型地物波谱数据库与样本数据库，实现了特高压工程在各种地貌类型下的环保水保目标要素遥感自动识别、监测及预警，主要包括扰动面积的监测、溜坡挂渣的识别、植被恢复情况的监测、环保拆迁进度的识别、各类环保水保措施的实施情况核查，以及其他特高压工程环保水保问题的告警，形成了针对电网工程的第一个应用卫星遥感技术进行环保水保目标识别与监测技术，极大地提高了环保水保的监管效率和验收通过率。随着输变电工程环保水保信息波谱的不断完善，对将来进一步完善高光谱卫星影像提取环保水保目标提供极大的数据支持。

（2）技术要点。

1）构建电网领域首个环保水保相关典型地物波谱数据库与样本数据库，随着输变电工程环保水保信息波谱和样本的不断完善，对将来高光谱卫星影像提取环保水保目标提供极大的数据支持。

2）建立输变电工程的第一个环保水保信息自动解译系统，与人工解译相配合可提高环保水保目标地物的解译效率。

3）建立电网工程卫星遥感监管比对库系统，可实时将两幅或多幅影像所获取显示的窗口坐标信息双向传递，实现两个或多个窗口的联动显示，进行信息对比及分析应用。

某输变电工程施工前和施工中影像对比（监测扰动面积及施工道路长宽）如图 6－2 所示。

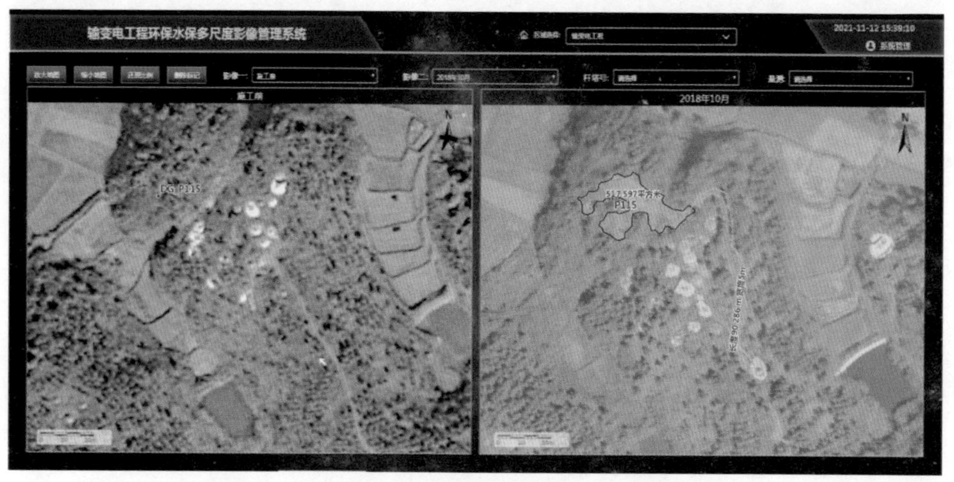

图 6－2　某输变电工程施工前和施工中影像对比

4）对环保水保重点关注内容实现大范围区域定量化数据采集，包括长度、面积和体积三个维度；实现多项输变电工程施工重大变动监控，包括线路横向位移、生态环境敏感区穿越情况、居民类环境敏感目标变化等；同时基于卫星遥感的重访观测可实现环保水保过程化监管。本监控核查技术可为环保水保管理单位提供强有力的数据支持。

（3）应用场景。该技术应用于特高压建设全过程的环保水保动态监管中，对标水行政主管部门的监管模式，做到监管频率和深度优于水行政主管部门，并先于水行政主管部门发现问题、解决问题；该技术已先后在张北—雄安、蒙西—晋中、榆横—潍坊、锡盟—山东、昌吉—古泉等特高压交直流工程中得到应用，将以往人工现场巡查转化为“遥感普查+无人机详查+人工核查”的监管技术，不仅提高了全线环保水保监测的效率，还大大地增强了建管单位及监理单位的综合管理能力，提高了各单位间相互配合的工作效率。

卫星遥感监测输变电工程塔基处扰动面积如图 6-3 所示；卫星遥感监测输变电工程塔基处溜坡情况如图 6-4 所示。

图 6-3　卫星遥感监测输变电工程塔基处扰动面积

图 6-4　卫星遥感监测输变电工程塔基处溜坡情况

该项技术的适用性见表 6－2。

表 6－2　　卫星遥感监测技术的适用性

影像获取途径			提取目标适宜性分析																					
设备类型		分辨率/重访周期	扰动情况								取弃土场		敏感点			工程措施实施情况（定性）			恢复情况		余土处理情况	临时措施实施情况		
			扰动范围			扰动面积			施工临时道路															
			塔基区	牵张场区	跨越场区	塔基区	牵张场区	跨越场区	长度	宽度	设置情况	防护情况	位置	数量	迹地恢复情况	护坡	挡墙	截（排）水沟	植物措施实施情况	场地平整情况		临时苫盖措施	临时拦挡措施	临时排水措施
遥感	高分二号卫星	1m/5天	适宜	适宜	适宜	适宜	适宜	适宜	可	可	可	不宜	适宜	适宜	适宜	不宜	不宜	不宜	适宜	可	可	可	不宜	不宜
	高分一号卫星	2m/4天	可	适宜	适宜	可	适宜	适宜	可	可	可	不宜	可	可	可	不宜	不宜	不宜	适宜	不宜	可	不宜	不宜	不宜
	高景一号卫星	0.5m/1天	适宜	适宜	适宜	适宜	适宜	适宜	适宜	可	可	不宜	适宜	适宜	适宜	不宜	不宜	不宜	适宜	可	可	可	不宜	不宜
	Quick Bird	0.6m/2.5天	适宜	适宜	适宜	适宜	适宜	适宜	适宜	可	可	不宜	适宜	适宜	适宜	不宜	不宜	不宜	适宜	可	可	可	不宜	不宜
	北京二号卫星	1m/3天	适宜	适宜	适宜	适宜	适宜	适宜	适宜	可	可	不宜	适宜	适宜	适宜	不宜	不宜	不宜	适宜	不宜	可	可	不宜	不宜
	SkySat	0.8m/3天	适宜	适宜	适宜	适宜	适宜	适宜	适宜	可	可	可	适宜	适宜	适宜	不宜	不宜	不宜	适宜	不宜	可	可	不宜	不宜
	Geo Eye－1	0.4m/3天	适宜	适宜	适宜	适宜	适宜	适宜	适宜	可	可	不宜	适宜	适宜	适宜	不宜	不宜	不宜	适宜	可	不宜	不宜	不宜	不宜

6.3.2　无人机（倾斜）摄影巡查

（1）技术背景。无人机航空摄影巡查技术是利用无人机拍摄特高压工程沿线的环保水保目标高清影像，从而对环保水保目标要素遥感自动识别、监测及预警，由于其精度较卫星遥感高，可识别的内容包括卫星遥感可识别的环保水保目标，且对于一些尺度较小的环保水保目标更具优势，因此常用于重点区域或敏感区域的环保水保详查。

无人机倾斜摄影测量技术是国际测绘遥感领域新兴发展起来的一项高新技术，融合了传统的航空摄影和近景测量技术，解决了以往正射影像只能从垂直角度拍摄的局限，通过在同一飞行平台上搭载单台或多台传感器，同时从垂直、倾斜等不同角度采集影像，获取地面物体更为完整准确的信息，构建输变电工程重点区域三维场景，在此基础上可进行环保水保相关数据的采集，包括长度、面积和体积，使得监管结果更具客观性，尤其对于不规则对象和体积的量测相对传统测量手段更具优势。但该技术对数据处理工作站性能要求较高，数据量较大时花费时间较长。

（2）技术要点。无人机倾斜摄影测量技术与手工建模对比说明见表6-3。

表6-3 无人机倾斜摄影测量技术与手工建模对比说明

比较项目	手工模型	倾斜测量
真实度	人工干预度高，主观性过强	完全真实，无人工干预
精度	测量数据为估算值	测绘级精度，高度准确
要素表现	根据数据标准有取舍，不能完全展示所有要素	真实地表、全要素呈现
成果类型	三维模型	DEM+DOM+DLG
效率	效率低、周期长，耗费人力成本	效率高、周期短
成本	成本相对较高	成本低，约为手工模型成本的40%

（3）应用场景。该项技术应用于特高压建设全过程中的环保水保动态监管中，可将以往人工现场巡查转化为“遥感普查+无人机详查+人工核查”的监管体系，与卫星遥感巡查技术形成梯级监管体系；目前已先后在张北—雄安、蒙西—晋中、榆横—潍坊、锡盟—山东、昌吉—古泉等特高压交直流工程中得到应用，提高了以上特高压工程重点区域线路的环保水保监测精度与效率。

山区无人机遥感扰动面积提取效果图例如图 6－5 所示；特高压工程无人机摄影巡查某塔基环保水保措施如图 6－6 所示。某变电站三维模型示例如图 6－7 所示；站外临时堆土体积如图 6－8 所示；某杆塔倾斜摄影三维模型挡土墙测量示意图如图 6－9 所示。

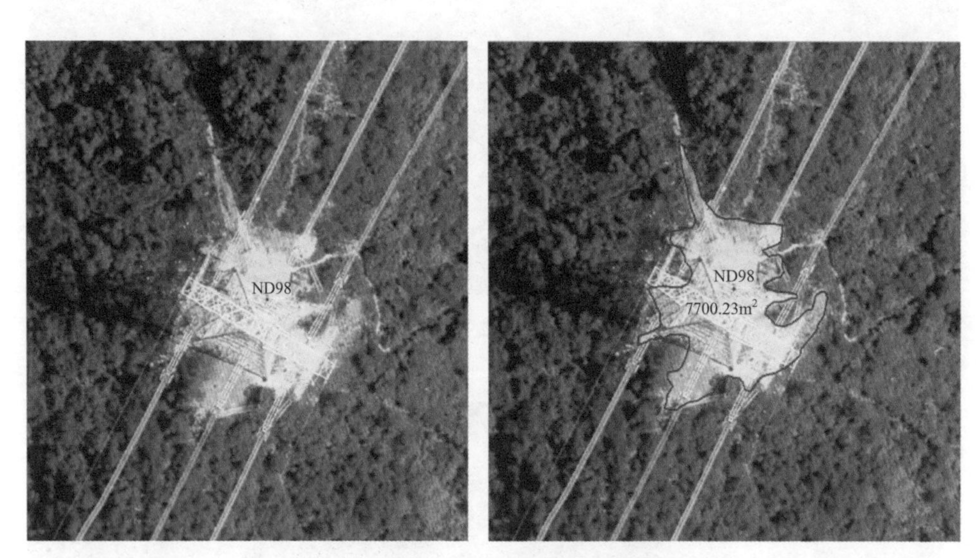

图 6－5　山区无人机遥感扰动面积提取效果图例

图 6－6　特高压工程无人机摄影巡查某塔基环保水保措施

图 6-7　某变电站三维模型示例

图 6-8　站外临时堆土体积

建立三维模型后，可对所需的长度、面积、体积进行高精度快速测量。由于无人机倾斜摄影测量技术费用较高，目前仅在部分变电站和个别杆塔进行了应用。

(a)

(b)

图6-9 某杆塔倾斜摄影三维模型挡土墙测量示意图（平视图）
（a）俯视图；（b）平视图

无人机（倾斜）摄影技术适用性见表6-4。

表 6-4　　无人机（倾斜）摄影技术适用性

影像获取途径			提取目标适宜性分析																					
设备类型		分辨率/重访周期	扰动情况								取弃土场		敏感点			工程措施实施情况（定性）			恢复情况		余土处理情况	临时措施实施情况		
			扰动范围			扰动面积			施工临时道路															
			塔基区	牵张场区	跨越场区	塔基区	牵张场区	跨越场区	长度	宽度	设置情况	防护情况	位置	数量	迹地恢复情况	护坡	挡墙	截（排）水沟	植物措施实施情况	场地平整情况		临时苫盖措施	临时拦挡措施	临时排水措施
无人机	固定翼	0.1～0.2m	适宜	适宜	适宜	适宜	适宜	适宜	适宜	适宜	适宜	适宜	适宜	适宜	适宜	适宜	适宜	适宜	适宜	适宜	适宜	适宜	适宜	适宜
	旋翼	0.1～0.2m	适宜	适宜	适宜	不宜	不宜	不宜	不宜	不宜	适宜	适宜	不宜	不宜	可	适宜	适宜	适宜	适宜	适宜	适宜	适宜	适宜	适宜
倾斜摄影			可	可	可	可	可	可	可	可	适宜	适宜	不宜	不宜	可	适宜	适宜	适宜	可	可	可	可	可	可

6.3.3 水土保持在线监测

（1）技术背景。水土保持在线监测系统以土壤侵蚀量超声和光敏测钎传感器作为监测的基础设备，与多环境因子气象传感器相集成，组成水土保持在线监测装置，同时利用数据采集传输模块，实现水土流失量、温湿度、降雨量、风速风向等环境因子数据和视频数据的定时采样和按序存储，并无线远程传输到后台数据中心，实现水土流失因子、水土流失状况和水土保持效果的实时在线监测。通过为水保监测的月报、季报提供数据支持，有力支撑工程建设的水土保持监测工作，有效管控施工，减少工程建设引起的水土流失。

该技术以在线监测系统代替传统人工监测，不仅了节省大量的人力、物力和财力，还提高了监测效率、监测数据准确度和连续性，可实时、全面监测建设项目水土保持方案实施情况，掌握建设过程中的水土流失情况，及时控制水土流失，保障电网工程安全建设。

（2）技术要点。

1）研制土壤侵蚀量超声测钎传感器，采用声速自校准技术，实现声速的实时校准，消除超声测距受环境温度、湿度、气压的影响，实现土壤侵蚀量的远程监测。

2）研制土壤侵蚀量光敏测钎传感器，利用预布设的光敏二极管阵列对太阳光敏感的特性，实现土壤平面的定位，解决超声测钎传感器测量结果易受异物干扰的问题。两种测钎优势互补，实现土壤侵蚀量全天候、全过程的精准监测。

3）开发水土流失数据处理与管控系统软件，实现水土流失量和环境因子（风向、风速、大气温度、湿度、噪声、雨量、PM2.5）的实时监测管理，同时也可以根据上传、存储的历史数据进行统计分析，自动生成风向图和风速、大气温湿度、PM2.5、雨量、水土流失量的变化曲线图，并对土壤侵蚀量数据进行重点分析与研判，为特高压工程水保管控提供数据支撑，建立“现场监测—远程传输—入库比对—分析处理—平台管控”的一体化工程水土保持在线监测平台。

自校准超声测钎传感器如图 6－10 所示；水土流失量可视化数据报表如

图 6－11 所示。

（3）应用场景。该监测系统适用于施工阶段的变电站或换流站等站点的边坡、留存时间较长的堆土、站点周边原始土地背景值的监测，同时也适用于建设期和运行期的线路杆塔处塔基边坡等周边易发生水土流失的区域。

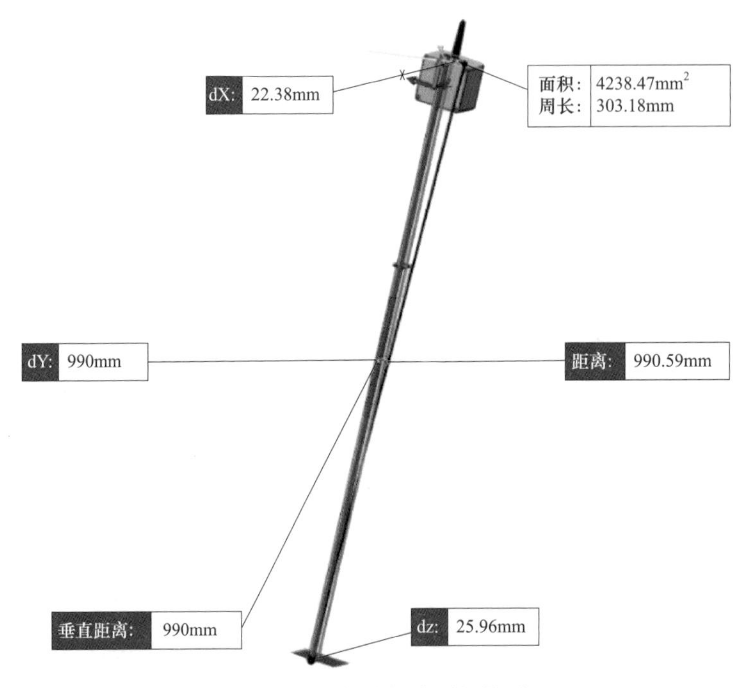

图 6－10　自校准超声测钎传感器

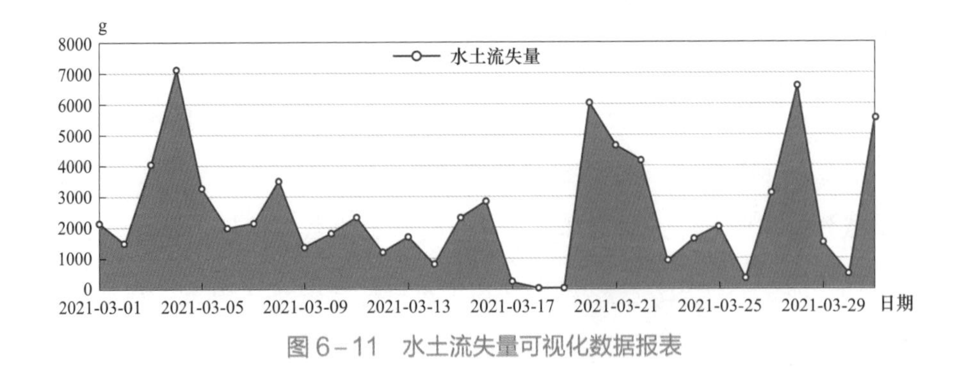

图 6－11　水土流失量可视化数据报表

该监测系统已在青海—河南、陕北—湖北、雅中—江西、白鹤滩—江苏、张北—雄安、南昌—长沙等多项特高压交直流工程的水土保持监测工作中进行了应用，克服了传统人工监测费时费力、精度低、易破坏坡面稳定性等问题，显著降低了监测成本，提升了监测数据的科学性、连续性、可靠性、通用性，提高了工程建设过程中水土保持监测的工作效率，实现了水土流失状况的远程监控。为水土流失监测和治理提供了技术支持，对电网绿色建设和生态环境保护发挥了积极作用。水土保持监测点如图 6-12 所示。

图 6-12 水土保持监测点

6.4 环境影响趋势监控

按照国家环保水保行政主管部门事中事后监管要求，为提前预测特高压工程建设及运行过程中的环境影响及灾害发生的风险，建立了数字化的环境影响趋势监控体系，主要对地质灾害、边坡位移/沉降、噪声、火灾进行监测及发展趋势的预判和预警。

6.4.1 地质灾害监测系统

（1）技术背景。地质灾害监测主要包括滑坡、泥石流、坡面及河道水毁等灾害监测。针对特高压输变电工程线路跨度长，沿线地形地质条件复杂，地灾监管困难等情况，基于高分遥感等多源数据识别特高压工程沿线地质灾害风险点，在风险点布设北斗等位移监测设备，依托数值模拟等技术建立地质灾害预警模型，研发输变电工程地质灾害监测预警系统，实现了输变电线路地质灾害的高效管控。该技术可大大减少沿线地质灾害野外调查的工作量，并实现对灾害体的快速定位和提前预警。

（2）技术要点。该处主要阐述该地灾监测预警系统的技术路线。

使用高分卫星遥感影像及合成孔径雷达影像进行风险源定位以及识别，同时结合地形地貌、岩层岩性、水文、气象等多源数据，对重点风险源进行现场勘查调研，建立地质灾害风险台账，通过预警模型，接入灾害预警标准以及气象实时和预报数据，将地质灾害预警消息通过系统平台进行展现。地质灾害监测系统如图 6－13 所示。

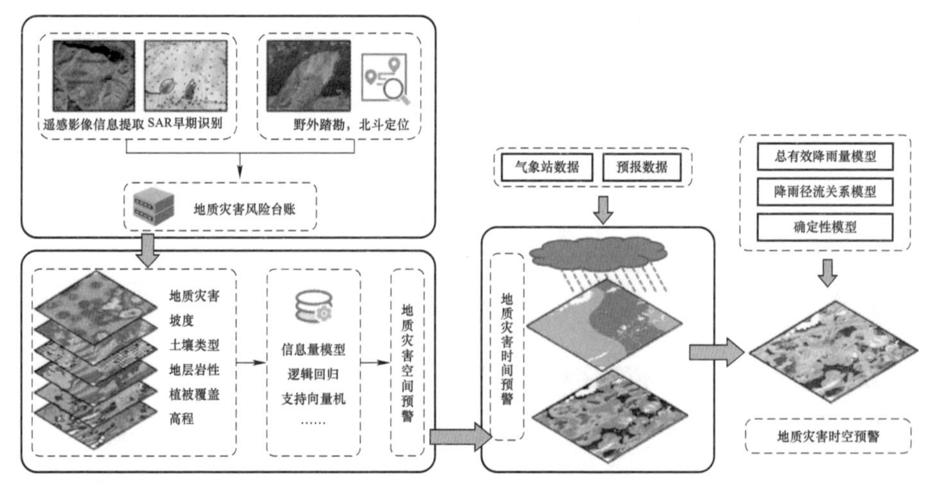

图 6－13　地质灾害监测系统

（3）应用场景。该地质灾害监测预警系统适用于建设期和运行期的特高压及其他电压等级的输变电工程，对工程沿线地质灾害进行动态监测预警，保障施工和运行阶段线路的安全环保。

该监测系统已成功应用于榆横—潍坊、昌吉—古泉、浙北—福州、锦屏—苏南、复龙—奉贤等特高压交直流线路工程中，研究成果可通过分析地质灾害点的形变机理提升灾害点微位移监测精度，实现地质灾害点的精准预警服务。该监测系统可良好地联合应用北斗定位及通信技术、高分系列光学遥感技术、物联网技术，实现线路地质灾害的评估、监测、预警，为特高压建设和运行阶段的地质灾害进行动态监测预警，保障特高压工程安全运行装机。

6.4.2 边坡位移/沉降监测

（1）技术背景。利用北斗导航定位技术，辅助柔性位移监测设备、光电式边坡位移监测设备、内部固定式测斜仪等设备，对变电站高达边坡和线路沿线重点区域边坡的位移、沉降风险点进行垂向和水平的监测，监测精度可达毫米级，极大地提高了位移监测精度，可在位移发生最初期提前进行预警，为应急预留更多时间，避免更大的边坡滑动或整体沉降导致的灾害发生。

（2）技术要点。

1）北斗微位移监测模块：采用高精度北斗监测设备，包括北斗天线、北斗接收机、天线线缆等。用于采集、存储及向数据平台回传卫星观测数据。通过与周边地基增强网的北斗基站的卫星观测数据进行后处理结算，可实现毫米级监测精度。

2）数据通信模块：微位移监测站与数据平台通信采用无线的通信方式，将卫星观测数据从微位移监测设备上传至数据平台，通信系统包括通信模块，通信天线等。

3）数据平台：数据平台进行实时接收数据，并对原始数据进行处理的结算并进行显示和在线评估及预警。当系统感知到有发生位移的趋势情况下，系统会调整微位移结算的输出频率，数据结算平台每分钟会有实时结算的微位移数据输出。

北斗监测设备如图 6－14 所示。

图 6－14　北斗监测设备

（3）应用场景。北斗监测设备适用于变电站/换流站高大边坡的位移监测，适用于输电线路工程具有滑坡等地质灾害风险点的杆塔及周边区域。通常集成在自然灾害预警系统中进行应用，已经在浙北—福州、锡盟—山东、榆横—潍坊、锡盟—胜利等多个特高压工程项目中进行了自然灾害预警，预警成果显著，对重大灾害无漏报、误报现象，为用户采取避险赢得了时间。

6.4.3　噪声声学感知装置

（1）技术背景。站界噪声是评价输变电工程环境影响的重要技术指标。站界噪声测试主要采用手持式声级计进行，测量数据难以做到互联互通，且监测周期长、数据利用率低。为了长期实时记录和掌握输变电站噪声数据，同时使得公众更加直观的、正确的认识变电站设施的噪声大小，降低变电站周边公众的心理恐慌程度，不断提高和推进各项输变电工程建设，实时进行信息公开，噪声声学感知装置将噪声的状态利用传感技术、通信技术和计算机及其网络技术有机结合而构成的新型环境监测系统。实现了远程噪声监控等相关环保参数跟踪监测，根据远程返回的数据，工作人员不到现场也可以监测现场噪声环境情况，并对出现的噪声参数超标等不正常情况及时做出相应的处理。

（2）技术要点。噪声声学感知装置一般由下列部分组成：前端智能仪表、噪声数据管理中心和噪声数据处理中心。噪声声学感知装置结构如图 6－15 所示。

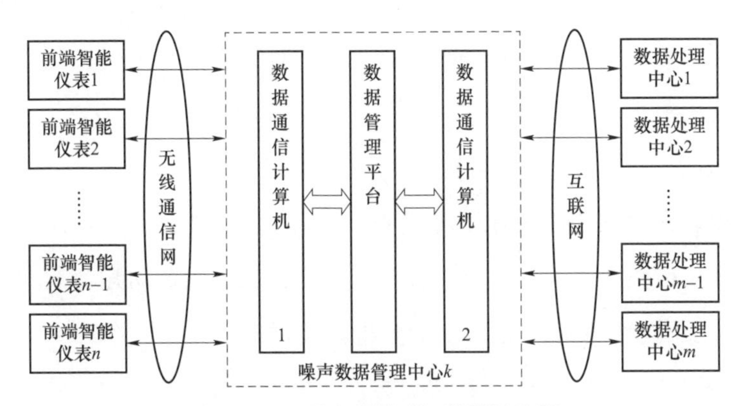

图 6-15　噪声声学感知装置结构图

前端智能仪表是系统的户外单元，其主要功能是进行噪声采样，同时具有超标噪声录音和气象参数采样等功能。前端智能仪表主要由声音信号采集模块、声音处理模块、在线监测和电源模块等组成。声音采集器事先采集变电站现场声音，包括设备正常运转声音、各种故障声音、外、界环境噪声；声音处理模块主要对声音传感器和声音采集器采集到的音频信号进行预处理、应急存储，并将预处理后的音频数据传输到噪声数据管理中心。

噪声数据管理中心是连接前端智能仪表与数据处理中心的桥梁，主要具有对前端智能仪表的管理，数据的管理和备份，根据不同的环境管理部门传送相应数据三大功能。数据管理中心与前端智能仪表采用无线通信网通信，而数据管理中心与数据处理中心采用互联网通信。

数据处理中心采用 BS（浏览器 / 服务器）模式，用户可通过服务器确认调用及录入所需数据信息。它能够完成监测点噪声数据动态显示波形图、噪声统计分布（正态分布或偏态分布）、相关性检验以及各种日、月、年统计图表等。

（3）应用场景。该监测装置适用于施工阶段和运行阶段的变电站或换流站等的噪声环境的实时监测，以及设备运行状态的自动化判断，对变电站设备运行的音频数据进行存储。

（4）系统特点。系统主要拥有 5 大特点，具体如下。

1）噪声实时监测，监测数据具有代表性。系统能够对噪声进行实时监测，并能够将所有数据传输回数据处理中心进行数据处理，数据代表性强，能够反映噪声的真实水平。

2）节省人力物力，系统操作具有简便性。系统应用计算机处理所有数据，不仅可以得到瞬时曲线，还可以得到平均值统计，动态分析，统计分布，相关性检验等任何所需图表。这不仅大大降低了工作人员的劳动强度，而且便于管理部门及时了解噪声情况，进一步的分析并及时采取响应措施。

3）全国无线联网，数据采集快捷方便。采用无线数传方式，采集一个端站数据花费的时间小于 3 s，大大提高了数据采集效率。确保管理部门及时发现问题，及时处理。数据传输过程当中即便网络中断，由于前端智能仪表能够存储 10 天的原始数据。因此再连接时即可补齐原始数据。

4）系统安装简便，全天候工作，无需人员看守和维护。系统无须工作人员现场看守，只要选定监测点，安装前端仪表，即可通过数据传输得到即时的监测数据。

5）结合地理信息系统，具有直观可视性。环境监测数据和统计信息除具有时间性和动态性外，还具有空间属性，最适于采用地理信息系统进行表达。

噪声声学感知装置如图 6－16 所示。

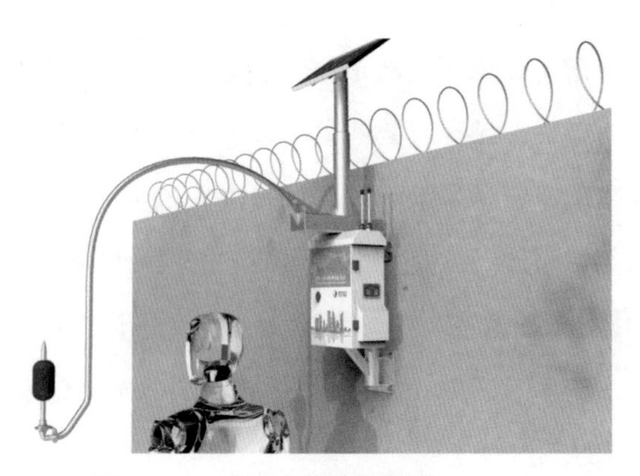

图6-16　噪声声学感知装置

6.4.4　火灾预警系统

（1）技术背景。本书所指火灾是特高压线路周边的火点监测，可能会威胁线路的安全和环境状况。基于“卫星遥感+无人机”的空天协同火灾监测预警技术方法，可实现特高压工程线路周边火灾连续动态监测及预警。通过提供详细的火点位置、过火面积、温度变化等相关信息，建立火点影响线路关系 GIS 模型；根据线路与火点之间的位置关系以及二者之间是否存在障碍物、障碍物类型，判断火点危险等级（例如山谷山脊线可以判断火势能否扩散到杆塔附近，河流、湖泊可为救火提供水源，也能起到隔离火势扩散的作用，将大幅提高火灾预警的准确度和效率）；结合 GIS 模型自动判断火点与线路空间位置关系，并通过手机 App 实时推送火点信息，同时可直接跳转到第三方导航软件上，为电力和消防部门及时提供准确位置信息和导航功能，使其能够迅速到达火灾发生地。该监测预警系统具有无人值守、自动分析和自动推送等优势，为特高压线路火灾扑救和确保降低环境影响提供了科学的决策依据，较好地弥补了传统监测方法的不足。

（2）技术要点。

1）空间分辨率：最高分辨率 0.5km，红外通道分辨率 2km；

2）时间分辨率：观测频次 10min（极轨卫星每天 2 次）；

3）预警时效性：预警时效性强，每 20min 监测一次；

4）预警准确率：预警准确率高，90%以上；

5）空间定位精度：火点定位精度高，位置精度 95%以上。

（3）应用场景。该火灾监测预警系统可用于在建及运行的变电（换流站）工程和线路工程中，成功预警的准确率可高达 90%，极大地减少了输变电工程的环境及安全隐患。

第7章 工程应用实例

“一型四化”生态环境保护管理从特高压工程环保水保工作实践中产生，并通过特高压工程管理实践不断丰富和完善，为实现环保水保管理的规范化和科学化提供了有力支撑，取得了显著的生态效益和社会效益。

本章以张北—雄安1000kV特高压交流输变电工程（简称“张北—雄安工程”）为例，系统阐述“一型四化”生态环境保护管理的应用情况及实施效果。

7.1 工程概况

为促进张家口地区清洁能源外送消纳，为雄安新区提供可靠能源保障，绿色服务2022年冬季奥运会，张北—雄安工程于2018年11月获得核准并于次年开工建设。

张北—雄安工程新建张北1000kV变电站、扩建雄安1000kV变电站，新建输电线路2×320km，途经河北省张家口市和保定市共2个市9个县（区）。该工程横跨坝上高寒区、穿越太行山脉，沿线干旱、多风、少雨，植被恢复困难，水土流失防治难度大。

基于建设“安全可靠、自主创新、经济合理、环境友好、国际一流”优质精品工程的总体目标，结合工程实际将“环境友好”目标细化为：全面落实工程环境影响报告书、水土保持方案及其批复文件，满足环保水保专项设计与批复方案一致、现场实施与设计图纸一致的要求，按规定完成环保水保专项验收工作，建设资源节约型、环境友好型的绿色和谐工程。张北—雄安工程概况图如图 7-1 所示。

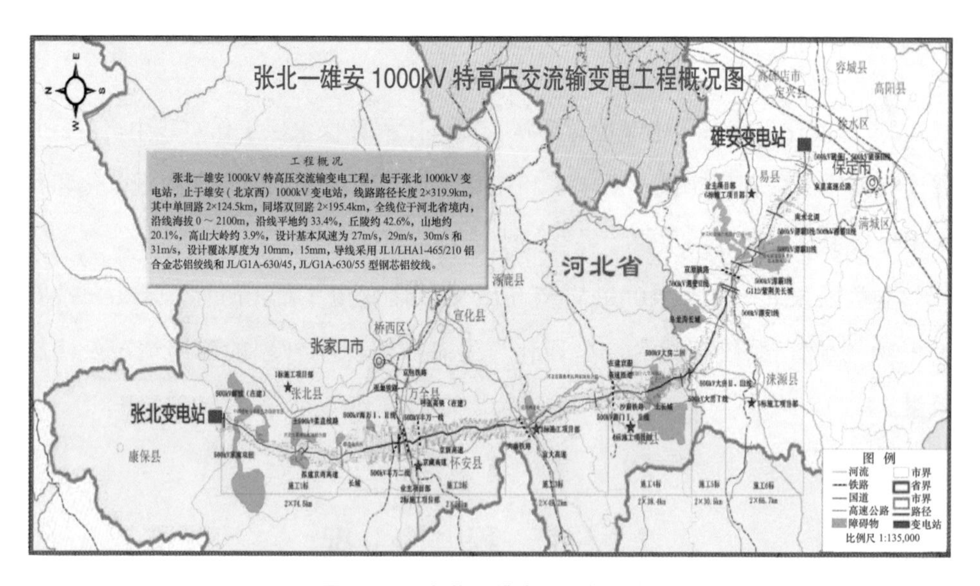

图 7-1 张北—雄安工程概况图

7.2 工程前期阶段

7.2.1 建立高效的环保水保组织体系

按照“管理—组织—实施”的管理层级建立三级扁平化组织体系，国网特高压部负责工程建设的统筹协调，国网特高压建设公司负责环保水保统一管理；国网河北省电力有限公司、国网冀北电力有限公司等建设管理单位负责工程现场的具体组织；设计、施工、监理单位按照合同约定的职责分工负责现场实施，技术服务单位负责环保水保咨询指导和监督检查，“管理—组织—实施”三级组织各司其职、各负其责，形成了横向协同、纵向贯通的环保水保管控组织体系。

工程现场联合成立环保水保工作小组，人员来自业主、设计、监理、施工项目部及技术服务单位，既有利于集中优势资源、从专业层面深度管控，又有利于及时沟通信息、促进各方形成合力。

7.2.2 建立完善的环保水保制度体系

在工程总纲性文件《建设管理纲要》的基础上，国网特高压建设公司编写了《环保水保管理总体策划》，明确了工作目标、管理机构、职责分工、管理内容和要求等内容。建设管理单位编写了《环保水保管理现场策划》，现场参建单位和技术服务单位编写了相关设计方案、施工实施细则、监理计划、专项监理方案、监测方案、验收方案等策划文件，建立了工程现场三级管理制度体系，为现场提供了工作依据和指导。

7.2.3 开展设计与方案一致性核查

在初步设计审查阶段，对初步设计与环境影响报告书及水土保持方案的一致性进行核查，并对有变化的内容是否属于重大变更进行专业分析。根据审查结果，张北—雄安工程设计与方案符合，无重大变更项目。

在施工图设计阶段，设计单位均开展了环保水保专项设计，水保措施采取“一塔一图”设计，即每基塔出版一张水保措施施工图；首次将植生袋写入施工图；全面推行“高低腿”设计方案，从设计源头减少施工扰动和土方开挖；塔基余土采用就地均摊或外运综合利用，减少永久弃渣方量。

在工程建设阶段，国网特高压建设公司组织建设管理单位开展了施工与设计一致性核查，通过施工图会检及现场检查等手段，及时发现设计不合理或施工不到位的情况，过程中第一时间纠偏整改，最终实现了环保水保设施及措施全面执行到位。

7.3 工程建设阶段

7.3.1 开展党建+环保水保宣传培训

张北—雄安工程变电站和线路工程现场均成立了联合临时党支部，充分利用党组织的引领力和组织力，将参建人员思想统一到工程绿色环保建设目标上。依托联合临时党支部，在工程沿线广泛开展环保水保宣传，在施工现场和项目部驻地设立宣传栏，发放工程环境保护宣传手册3000余份。就近利用周边红色资源开展主题党日活动，传承红色精神、引领绿色发展，营造了良好的党建引领工程绿色建设的氛围。共产党员服务队深入百姓开展环保水保宣传工作如图7-2所示。

工程开工前，国网特高压建设公司和建设管理单位牵头组织，分层次、分阶段开展环保水保专业培训，对特高压工程环保水保管理制度及要求进行交底，提高参建人员环保水保意识，确保其掌握必要的环保水保知识、了解环保水保管理措施。

工程建设过程中，在主流媒体发布工程建设信息和环保水保稿件100余篇，制作《风出张北 绿动雄安》视频宣传片，创作《让张北的风点亮雄安的灯》《点亮每一盏灯》等环保歌曲，用文艺作品、小视频等生动活泼的宣传形式，培育工程环保水保管理融合型双色文化建设。环保水保宣传活动如图 7－3 所示。

图 7－2　共产党员服务队深入百姓开展环保水保宣传工作

(a)　(b)

(c)　(d)

图 7－3　环保水保宣传活动

（a）开展环保水保宣传；（b）发放环保水保宣传手册；（c）宣传纪实片；（d）人民网报道工程建设

7.3.2 抓实水土保持四个关键措施

按照“表土保护、先拦后弃、先护后扰、及时恢复”4 个关键环节实行水土保持措施放行制度，施工单位周密策划施工流程并现场交底，施工监理旁站签字放行，一个环节未完成、严禁进入下一环节。

1. 表土保护

在基坑开挖区、永久堆土区均进行表土剥离，剥离厚度 10～30cm。剥离后的表土装入植生袋并集中存放；基础施工完毕，进行土地整治，将表土回覆；山丘区利用装入表土的植生袋制作生态挡墙、生态护坡护面。表土保护措施如图 7－4 所示。

(a)

(b)

图 7－4 表土保护措施

（a）表土集中堆存；（b）草皮集中堆存养护

张北—雄安工程累计剥离表土 16100m^3，较方案设计增加 700m^3。

2. 先拦后弃

采用植生袋装入表土制作永临结合生态挡墙，然后将开挖的土方堆置于挡墙内；设计有浆砌石挡墙的塔基，先施工挡墙，再进行开挖，开挖的土方直接堆置于挡墙内。杜绝弃土、弃渣和临时堆土下泄造成的溜坡现象。先拦后堆措施如图 7－5 所示。

(a)

(b)

图 7–5 先拦后弃措施

（a）先施工挡渣墙后堆土；（b）使用植生袋制作永临结合生态挡墙

张北—雄安工程采用编织袋装土临时拦挡约 12800m^3；铺设植生袋护坡约 13000m^3；修建浆砌石护坡约 5500m^2、浆砌石挡墙约 14800m^3。

3. 先护后扰

在施工材料及搅拌机等施工机具进场前，对可能扰动区域采取彩条布、钢板铺垫等措施先进行保护，后进场施工。弃土、弃渣应采取临时保护和防治措施，临时堆土区应采用临时挡护、苫盖设施并在苫盖边缘压盖，防止水土流失和环境污染。对施工区采用限界措施，减少扰动范围避免超范围扰动。先护后扰措施如图 7–6 所示。

(a)

(b)

图 7–6 先护后扰措施

（a）地面铺垫保护；（b）施工限界

张北—雄安工程采用围栏、彩条旗围界约 123000m；彩条布、棕垫隔离约 42600m^2；密目网苫盖约 173900m^2。

4. 及时恢复

在基础施工完毕后立即开始土地整治，将表土回覆到位，不满足植被生长条件的塔位外运熟土覆盖。山丘区采用开槽、挖穴的方式，将表土置于槽内、穴内，对草籽采取条播和穴播方式，易于保水提高植被成活率。采取移栽灌木、种植乔木的方式恢复植被，加强浇水抚育，确保郁闭度满足要求。植被恢复措施如图 7－7 所示。

(a)

(b)

图 7－7　植被恢复措施
（a）穴播种草；（b）灌草结合植被恢复

张北—雄安工程共计恢复耕地 119.66hm^2，栽植灌木 18000 株，撒播种草 110.51hm^2。

7.3.3　大力应用低碳化建设技术

张北—雄安工程利用海拉瓦技术选线，优化了线路路径设计，减少路径长度 5.5km。对于山地丘陵区开挖产生的土方以及塔基浇筑所需混凝土、砂石料，采用溜槽运输减少塔基施工对周边地表的扰动，累计减少永久占地 5hm^2。研究使用可移动型泥浆制备装置、钢丝绳清洗检测保养设备等新型施工设备，减少施工器械对环境的污染。

山丘区采用重型货运索道运输物资，避免了修路运输造成的山体破坏等问题。该工程共建设重型货运索道 123 条、累计长度 90km，减少道路修建山体破坏 60hm^2，减少林木砍伐 15 万株。

采用平臂抱杆、塔吊组塔技术，避免了内悬浮外拉线抱杆组塔外拉线占地扰动，每基铁塔平均减少占地 1600m^2，全线减少土地扰动和植被破坏 126hm^2。环保运输技术如图 7－8 所示。

(a)

(b)

图 7－8　环保运输技术

（a）重型索道运输钢管塔；（b）溜槽倒运余土

采用无人机展放初导绳空中架线技术，较常规地面展放导引绳放线，通道扰动和植被破坏每 km 减少 6000m^2，全线减少扰动约 190hm^2。

7.3.4　研究应用植被快速修复技术

在张北—雄安工程 5 标、6 标丘陵区，表层土壤贫瘠，对于坡面＜40° 的塔基试点应用了植被快速修复技术。

采用披碱草、冰草、高羊茅、黑麦草、狗尾草、沙打旺、草木樨、野豌豆、多花胡枝子、紫穗槐、苦麦菜、芝麻菜等草种形成混播配方。针对溜渣、不稳定及较破碎的边坡，采用撒播方式；针对较稳定的塔基边坡，采用条播方式，条播种植行距 40cm，沟宽 15～20cm，沟深 10～12cm；土质较硬实的边坡采用穴播，穴播种植间距 50cm，穴深 20～30cm。

实施过程中，注意在土壤耙松、初平后，再播撒基质配方、混播配方，耙平、覆土厚度约 1cm，适当踩压。然后，取水将穴坑、沟槽内熟土浇透，再用椰丝毯或无纺布或加筋生态毯 3 种生态护坡毯覆盖保墒，用 U 形钉锚固及土石块压实。视天气情况采取浇水抚育措施。植被快速修复技术如图 7－9 所示。

(a) (b)

图 7－9 植被快速修复技术

（a）条播无纺布保墒覆盖；（b）草籽混播效果良好

7.3.5 综合应用数字化监测技术

张北—雄安工程沿线地形地貌复杂，生态环境相对脆弱，建设过程中采用“卫星遥感普查+无人机核查+人工现场调查”相结合的多维度技术手段，对工程现场情况进行全面调查。

一是通过遥感影像解译识别水土保持监测要素，结合水土保持方案和设计资料，解译塔基、牵张场、跨越施工场地、施工道路等扰动面积是否超标。

二是采用无人机核查和人工现场调查作为主要技术手段，重点监测施工是否存在溜坡溜渣问题及塔基区护坡、挡墙、排水沟、临时拦挡、临时苫盖等水土保持措施的落实情况。三是通过无人机定期航摄，对工程不同时期的航拍影像进行比对分析，获取水土保持动态监测结果。卫星遥感解译如图 7－10 所示；无人机遥感调查如图 7－11 所示。

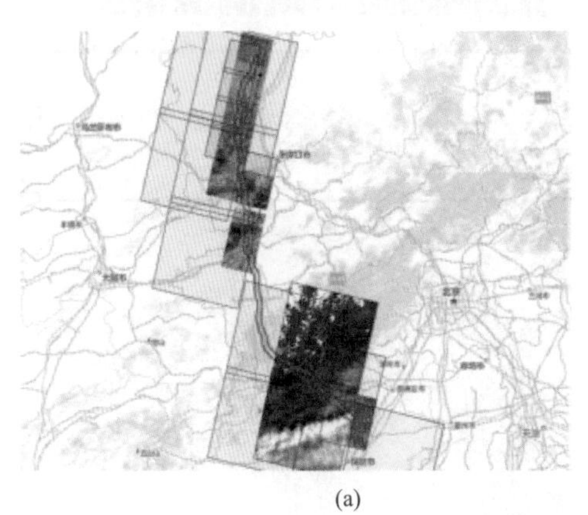
(a)

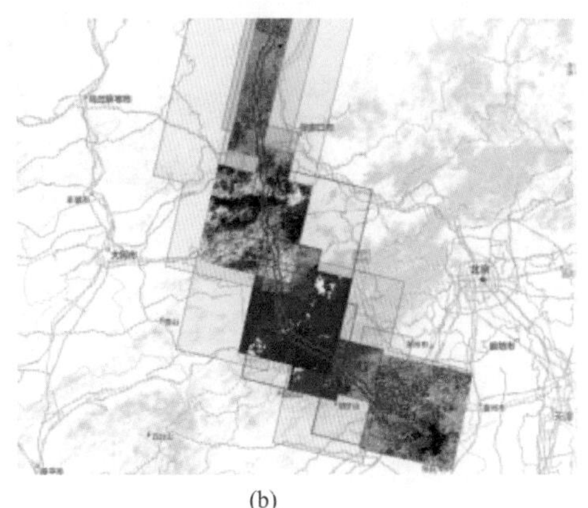
(b)

图 7－10　卫星遥感解译

（a）2019 年 1 月施工前影像；（b）2019 年 5 月施工过程中影像

(a)

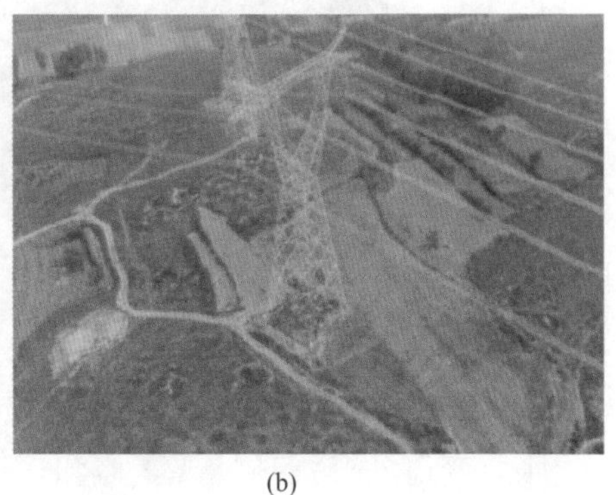
(b)

图 7－11　无人机遥感调查

（a）无人机遥感调查现场；（b）无人机遥感成果

应用水土保持在线监测系统，实时掌握水土流失状况并进行定量记录，通过采用超声测钎技术将监测精确度提高了 600 倍，并可在侵蚀模数超过标准值时及时发出预警提示，实现了工程现场全方位全天候远程实时在线监测。水土保持在线监测如图 7－12 所示。

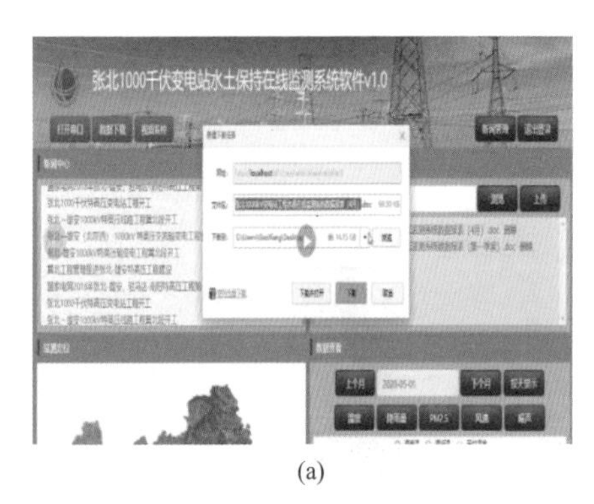

(a)

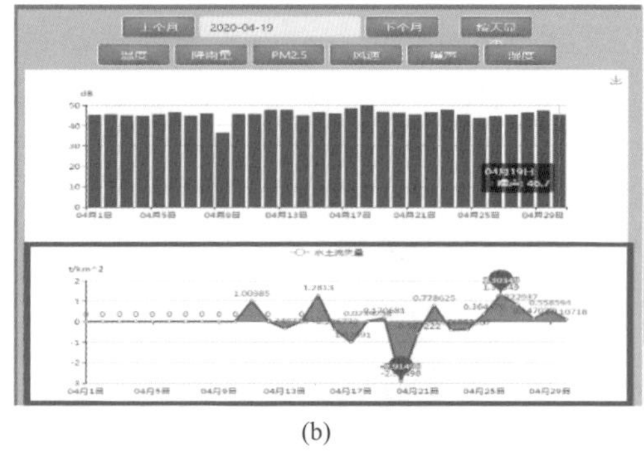

(b)

(c)

图 7－12　水土保持在线监测

（a）水土保持在线监测系统；（b）在线监测展示图；（c）超声测钎监测点

张北变电站开展环境要素监测，对扬尘、噪声、温度、湿度、降雨量等要素实时监测，结合天气预报进行微气候分析，开展气象灾害预警。环境要素监测和气象灾害预警如图 7－13 所示；张北—雄安工程完工实景图如图 7－14 所示。

（a）

（b）

图 7－13　环境要素监测和气象灾害预警

（a）施工环境监测装置；（b）气象灾害预警装置

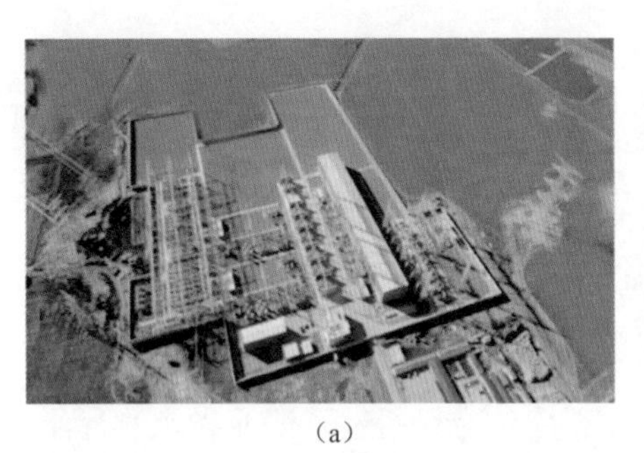

（a）

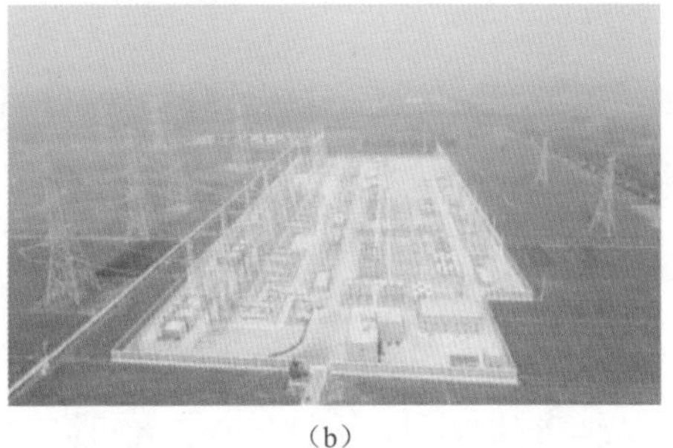

（b）

（c）

（d）

图 7－14　张北—雄安工程完工实景图

（a）张北变电站；（b）雄安变电站；（c）同塔双回段线路；
（d）单回并行段线路

7.3.6 分层组织环保水保专项验收

张北—雄安工程施行环保水保专项验收制度。在环保水保设施阶段性验收基础上，工程投运前按施工单位自查、监理单位初检、建设管理单位预验收的“三级验收”程序开展。国网特高压建设公司组织开展环保水保预验收复查，国网科技部组织专项验收。

2020 年 11 月，现场三级验收全部完成，国网特高压建设公司组织完成工程环保水保验收报告等成果材料编审，完成预验收复检并督促整改完毕，具备验收条件。

2020 年 12 月 3 日，国网科技部组织召开了工程环保水保验收会议。经现场调查、资料查阅及讨论质询，验收组一致认为本工程符合环境保护和水土保持设施验收条件，同意工程通过环保水保验收。

2021 年 1 月，工程水土保持设施自主验收材料向河北省水利厅备案；2 月，取得河北省水利厅自主验收报备回执；5～6 月，工程通过了河北省水利厅组织的水土保持设施现场核查。

7.4 实施效果和评价

通过“一型四化”生态环境保护管理模式在张北—雄安工程的全面应用，提高了全体参建人员的环保水保意识，推动了过程管控措施的全面落实，确保了环保水保设施与工程建设“三同时”，满足了环境影响报告书和水土保持方案的要求，实现了项目环境友好的建设目标，通过了环保水保专项验收。

以工程水土流失防治效果为例，水土流失防治指标中，水土流失防治指标方案目标值与实际值相比，扰动土地整治率从 96%提高到 97.8%、水土流失总治理度从 95%提高到 97.6%、土壤流失控制比从 0.98 提高到 1.07、拦渣率从 91%提高到 97.2%、林草植被恢复率从 98%提高到 98.7%、林草覆盖率从 26%提高到 42%，6 项水土保持防治指标实际值均优于水保方案目标值。

根据基于“压力－状态－响应（PSR）”模型的生态环境影响评价体系，张北—雄安工程生态环境影响评价为“AA”级，表示该工程对生态环境影响较小。

2021 年 12 月 23 日，张北—雄安工程被评选为“国家水土保持示范工程”，为后续特高压工程建设提供了成功案例，具有显著的生态环境保护示范引领作用。

水调歌头·绿动雄安

辛丑年秋，张北至雄安工程投运逾年，作此篇记示范创建。

秋叶层林染，碧水映青山。
虹飞太行披旭，星月落八弦。
坝上风光无限，绿动新区雄安，
大计谋千年。
一眺七百里，一立破云端。

你用电，我用心，促发展。
追求卓越，牢记宗旨为民安。
奉献清洁能源，建设和谐社会，
电力变新颜。
一体带四翼，行远共登攀。

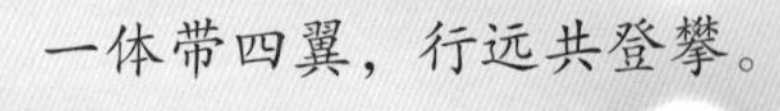

展　望

经过十几年的大力发展，特高压电网已成为“西电东送、北电南供、水火互济、风光互补”的能源输送“主动脉”，促进了能源从就地平衡到大范围配置的根本性转变，有力推动了能源领域的清洁低碳转型。未来，我国跨区跨省电力流总规模将在 2025 年达到 3.6 亿 kW，在 2030 年达到 4.6 亿 kW，在 2060 年达到 8.3 亿 kW，特高压工程必将长期处于大规模建设阶段。以国家电网有限公司为例，新增的跨区输电通道以特高压工程为主，在送端，完善东北、西北主网架，支撑跨区特高压直流安全高效运行；在受端，扩展和完善华北、华东特高压交流主网架，加快建设华中和川渝特高压交流骨干网架。“十四五”开启以来，多项特高压工程已经开工建设或者正在紧锣密鼓地开展前期工作。

特高压工程大规模建设将为“一型四化”生态环境保护管理模式的应用带来广阔前景，并为其不断迭代升级创造实践条件。可以预见，融合型双色文化将传承和扩展新的元素；专业化管理体系将不断动态优化调整；精益化过程管控将进一步加快成果转化升级，形成适应形势发展、更高水平的标准化管控模式；低碳化建设技术包括大气污染防治技术、污水处理技术、资源循环利用技术、垃圾资源化处理技术、绿色建造技术等将不断完善并在更大范围内推广应用；数字化监测技术将更加成熟，成本逐渐降低，自动识别、智能分析、实时监控能力将会进一步加强。随着管理和技术的进步并通过电网建设者不断努力，特高压工程“一型四化”生态环境保护管理模式必将在促进电网高质量建设和生态环境保护协调发展方面发挥更大作用，同时带来更为显著的生态效益、经济效益和社会效益。

2020 年 9 月，习近平总书记在第 75 届联合国大会上发表重要讲话时指出，我国二氧化碳排放力争于 2030 年前达到峰值，努力争取 2060 年前实现碳中和。“双碳”目标的提出对生态环境保护设定了更高标准。同时，“实现电力资源在全国更大范围内共享互济和优化配置，加快形成统一开放、竞争有序、安全高效、治理完善的电力市场体系”已经提上日程。预计在政策层面，我国将建立健全绿色低碳发展体制机制，加快完善有利于绿色低碳发展的价格、财税、金融等经济政策，进一步健全自然资源有偿使用制度，完善自然资源使用、污水垃圾处理、用水用能等领域价格形成机制，全力促进绿色技术创新和低碳绿色产品装备研发应用，必将对生态环境保护带来更严格的约束和更有力的推动。

相信，在国家对加强生态文明建设、加快绿色低碳发展提出了新要求的背景下，不仅可以在电网工程中推广应用“一型四化”生态环境保护管理模式，也可以结合其他行业领域生态环境保护实际需求，借鉴本书成果形成个性化生态环境保护具体做法，为推动经济社会绿色发展、促进人与自然和谐共生贡献力量。

参 考 文 献

[1] 宋继明，卜伟军，吴凯，等．创建绿色环保工程的实践与思考［J］．电网技术，2009，33（增刊）：323.

[2] 张桂林，强万明，宋继明，等．特高压变电站绿色低能耗建筑［M］．北京：中国电力出版社，2019.

[3] 宋继明，倪向萍，唐明利，等．高分卫星遥感技术在特高压工程环保水保管理中的应用研究［J］．矿产勘查，2021，12（8）：1829-1834.

[4] 张书豪，宋继明，周玮，等．特高压交流 V 型悬式绝缘子串空间位置确定的方法［J］．高电压技术，2012，38（6）：1451-1458.

[5] 国家电网公司．中国三峡输变电工程 工程建设与环境保护卷［M］．北京：中国电力出版社，2008.

[6] 刘泽洪．电网工程建设管理［M］．北京：中国电力出版社，2020.

[7] 丁广鑫．交流输变电工程环境保护和水土保持工作手册［M］．北京：中国电力出版社，2009.

[8] 宋洪磊，张亚鹏，张智，等．藏中联网工程建设与生态环境的耦合协调机制研究［J］．电网技术，2019，43（增刊）：6-9.

[9] 杨怀伟，于海波，白华．高压输电线路长距离全过程空中架线工艺［J］．吉林电力，2007，35（2）：1-4.

[10] 中国电机工程学会．中国电机工程学会专题技术报告 2020［M］．北京：中国电力出版社，2020.

[11] 国家电网公司交流建设分公司．特高压交流工程现场建设管理［M］．北京：中国电力出版社，2017.

[12] 国家电网有限公司交流建设分公司．特高压交流输变电工程技术与管理成果集［M］．北京：中国电力出版社，2020.

［13］国家电网有限公司科技部，国家电网有限公司交流建设分公司．输变电工程环境保护和水土保持现场管理与施工手册［M］．北京：中国电力出版社，2019．

［14］国家电网有限公司交流建设分公司．特高压交流工程专业工作组成果集［M］．北京：中国电力出版社，2020．

［15］万昊，雷磊，魏金祥，等．浅析特高压输变电线路工程中的水土保持措施设计［J］．水土保持应用技术，2020（1）：49-51．

［16］严文瑶，戴竹青，柴育红，等．环境监测与影响评价技术［M］．北京：中国石化出版社，2013．